JN288817

ネットの英語術

インターネットを使いこなすための英語表現ハンドブック

デイビッド・セイン、小松アテナ、エド・ジェイコブ 著

E-mail　Shopping　Blog　News　BBS

Podcast　Internet words　Video　SNS　Translation

The English You Need to Enjoy the Internet

実務教育出版

はじめに

　インターネットの普及によって、情報収集の方法がこの10年で大きく変わりました。かつて何かを調べるときには、図書館へ行ったり、電話で問い合わせたり、詳しい人に聞いたりと、多くの時間と手間をかけていました。それが今ではインターネットさえあれば、24時間いつでも国境を越えて、世界中の情報を簡単に調べることができます。海外のオンラインショップでお宝商品を購入する、海外公演のチケットを予約する、人気レストランのメニューをチェックする、有名人のスクープ記事を探す…、と可能性は無限大！　ありとあらゆる情報をゲットできる時代なのです。

　しかし、せっかく全世界にアクセスできるというのに、日本語のページだけを見ている方は意外に多いのではないでしょうか？　また、ブログやSNS（ソーシャル・ネットワーキング・サービス）、BBS（掲示板）などのサービスも一般化したものの、海外の人と交流している方はそれほど多くはないでしょう。日本の情報は日本語ページで十分かもしれませんが、世界の情報を得るならば、ネットに多く飛び交う英語の情報を避けているのは、もったいないことです。

　本書は、英語を使ってもっとネットを楽しむために、知っておくと便利な知識と技術を数多くご紹介しています。「読み」「書き」の両面からサポートし、「情報」もしくは「ツール」として英語を積極的に使って、ネットをさらに自由に活用するためのレスキュー本です。パソコンの横に置いておけば、困ったときにきっと助けになるはず。もちろん、興味のある章から読み進めても、役立つ内容が盛りだくさんで楽しめます。

　本書を手がかりに、インターネットに乗って国境を越えてみませんか？

Have fun discovering the world of the Internet through English!

David A. Thayne
デイビッド・セイン

ネットの英語術
CONTENTS

第1章 ネットの英語はここまでポピュラー＆カジュアル …… 19

↳ 1-1 ネットと英語 …… 20
- 今やあたりまえ―ネットのある生活 …… 20
- 「情報通」と言われる人は、ネットで英語の情報に接している …… 20
- 中学生程度の文法力＆語彙力でかなりのコミュニケーションが可能 …… 21
- 苦手意識は捨てよう …… 22
- ツールとしての英語をめざそう―ネットがツールであるのと同じ …… 22
- スポーツ・音楽・映画―興味のあることから始めよう …… 23
- 世界のウェブサイトの8割は英語 …… 24
- ネット普及で変わる必要な英語力 …… 25
- 人気のある英語のサイト Top10 …… 26

↳ 1-2 ネットに関する表現集 …… 28
1. メール（Mail）…… 28
2. ウェブ（WWW）…… 33
3. ネットに接続（Conecting to the Internet）…… 37
4. ブログ、ホームページ、ポッドキャスト（Blogs, Homepages, and Podcasts）…… 40
5. ネットでの交流（Socializing on the Internet）…… 42
6. ダウンロード（Downloading）…… 45
7. 安全とセキュリティ（Safety and Security）…… 46
8. ネットビジネス（Internet Business）…… 49

1-3 英語でも忘れちゃいけないネットのマナー ……… 52

- 最初は読むだけ（Lurking） ……………………………………… 52
- 冷静に（Stay calm.） ……………………………………………… 52
- すべて大文字で書かない（Don't use capital letters.） ………… 53
- 略語や省略形（Abbreviations） ………………………………… 53
- トピックからずれない（Stay on topic.） ……………………… 54
- よくある質問（FAQs） …………………………………………… 54
- もう一度考える（Think twice.） ………………………………… 54
- ネットの安全性（Internet security and English websites） 54

第2章 カジュアルなEメールのマナー
気軽で迅速なコミュニケーションツール ……………… 55

2-1 メールを使いこなすための基本原則 …………… 56
- **1 英文メールの心得とマナー** ………………………… 56
  - フレンドリーさを心がける …………………………… 56
  - 大切なことは最初に書く ……………………………… 56
  - あいまいな表現は避ける ……………………………… 56
  - 言葉選びに迷ったら、シンプルなほうを選ぶ ……… 56
  - 件名は具体的に ………………………………………… 57
  - 長すぎるあいさつは不要 ……………………………… 57
  - 2バイト文字は使わない ……………………………… 57
- **2 これだけは押さえておきたいライティングガイドライン** ……… 58
  - 形容詞や副詞は、修飾する言葉の近くに置く ……… 58
  - 文章をわかりやすくするためには、
    指示代名詞を使う代わりに、名詞を繰り返す ……… 58
  - 業界用語やスラングなど、
    一部の人にしか通じない特殊な言葉はなるべく控える ………… 58
  - ひとつのテーマにはひとつの言葉を。
    用語は同じものを最後まで使う ……………………… 59
  - 誤解を防ぐために、言葉は文字どおりの意味で使う ………… 59
- **3 日本人が間違いやすい文法事項** …………………… 60
  - なるべく能動態で ……………………………………… 60
  - 時制に注意 ……………………………………………… 60
  - 動名詞と不定詞の違いに注意 ………………………… 60
  - 冠詞の使い分け ………………………………………… 61
  - 迷いやすい前置詞 ……………………………………… 62
  - ピリオド (.) の使い方 ………………………………… 62
  - カンマ (,) の使い方 …………………………………… 62
  - セミコロン (;) の使い方 ……………………………… 64
  - コロン (:) の使い方 …………………………………… 65
  - 形容詞の順番 …………………………………………… 65

- **4 メールの基本フォーマット** …… 66
  - ①件名 …… 67
  - ②あて名とあいさつ …… 67
  - ③本文 …… 67
  - ④結語 …… 67
  - ⑤署名 …… 67
- **5 件名（Subject Line）** …… 68
  - ☀件名を書くための基本ルール …… 68
  - ☀件名の改善例 …… 68
- **6 あて名とあいさつ（Address and Greeting）** …… 70
- **7 書き出し（Opening）** …… 71
  - ☀基本フレーズ …… 71
  - ☀応用フレーズ …… 72
- **8 本文と締めくくり（Body）** …… 74
  - ☀基本フレーズ …… 74
  - ☀応用フレーズ …… 75
- **9 結語（Closing）** …… 76
- **10 署名（Signature）** …… 77
- **11 添付書類（Attachments）** …… 78
  - ☀基本フレーズ …… 78
  - ☀応用フレーズ …… 78

2-2 用件を伝えるメールの実例と表現集 …… 80

［1］カジュアルなビジネスメール …… 80

- **1 問合せとその返事（Inquiries and Replies）** …… 80
  - ☀製品に関する問合せ …… 80
  - ☀問合せ先からの返事 …… 82
  - ☀使えるフレーズ …… 83
- **2 依頼とその返事（Requests and Replies）** …… 84
  - ☀オフィス備品買換えの依頼 …… 84
  - ☀庶務部からの返事 …… 85
  - ☀使えるフレーズ …… 85

↳ 3 提案とその返事（Proposals and Replies）……… 86
- ☀業務提携の提案……… 86
- ☀提案先からの返事……… 88
- ☀使えるフレーズ……… 89

↳ 4 勧誘とその返事（Invitations and Replies）……… 90
- ☀送別会の誘い……… 90
- ☀同僚からの返事……… 91
- ☀使えるフレーズ……… 91

↳ 5 お礼とその返事（Thanks and Replies）……… 92
- ☀面接のお礼……… 92
- ☀面接相手からの返事……… 93
- ☀使えるフレーズ……… 93

↳ 6 苦情とその返事（Complaints and Replies）……… 95
- ☀商品納入遅延への苦情……… 95
- ☀注文先からの返事……… 96
- ☀使えるフレーズ……… 97

↳ 7 人の紹介とその返事（Introductions and Replies）……… 98
- ☀就職の紹介……… 98
- ☀紹介先からの返事……… 99
- ☀使えるフレーズ……… 99

↳ 8 就職活動（Job Hunting and Replies）……… 100
- ☀ポジションへの応募……… 100
- ☀採用担当者からの返事……… 101
- ☀使えるフレーズ……… 102

↳ 9 連絡とその返事 (Contacting and Replies)……… 104
- ☀打合せの連絡……… 104
- ☀欠席者からの返事……… 105
- ☀使えるフレーズ……… 105

↳ 10 先生への質問とその返事（Questions and Replies）……… 106
- ☀ネイティブの教授への質問……… 106
- ☀教授からの返事……… 107
- ☀使えるフレーズ……… 107

［2］ショップへの問合せメール …………………………………… 108

1 注文前の請求・依頼 …………………………………………… 108
- カタログ請求 ………………………………………………… 108
- 見積もり依頼 ………………………………………………… 109

2 注文 ……………………………………………………………… 110
- 商品の注文 …………………………………………………… 110
- 使えるフレーズ ……………………………………………… 111

3 クレーム ………………………………………………………… 113
- 注文確認メールの未着 ……………………………………… 113
- 商品の未着 …………………………………………………… 113
- 商品の間違い ………………………………………………… 114
- クレームへの返事 …………………………………………… 114
- クレーム対応へのお礼 ……………………………………… 115
- 商品の破損 …………………………………………………… 115
- 支払金額の誤り ……………………………………………… 116

2-3 気持ちを伝えるメールの実例と表現集 ………………… 117

［1］ 友人・知人へのメール ……………………………………… 117

1 さりげない書き出しと結びの表現 ………………………… 117
- 相手の動向を尋ねる ………………………………………… 117
- 自分の近況を伝える ………………………………………… 118
- 結び …………………………………………………………… 119

2 友達同士のデイリーメール ………………………………… 120
- 遊びの誘い …………………………………………………… 120
- 近況報告 ……………………………………………………… 121
- メールアドレス変更の連絡 ………………………………… 122
- 使えるフレーズ ……………………………………………… 122

3 恋人同士のラブメール ……………………………………… 123
- デートの誘い ………………………………………………… 123
- デートのお礼 ………………………………………………… 124

4 季節のあいさつ ……………………………………………… 125
- メリークリスマス …………………………………………… 125
- あけましておめでとう ……………………………………… 126

- ☀残暑見舞い ……………………………………………………… 127
- ☀使えるフレーズ ………………………………………………… 128

↳ 5 身辺の異動を知らせる ……………………………………… 129
- ☀出産のお知らせ ………………………………………………… 129
- ☀引越しのお知らせ ……………………………………………… 130

↳ 6 お祝いの気持ちを伝える …………………………………… 131
- ☀誕生日おめでとう ……………………………………………… 131
- ☀ご出産おめでとう ……………………………………………… 131
- ☀卒業おめでとう ………………………………………………… 132

↳ 7 気遣いを伝える ……………………………………………… 133
- ☀病気のお見舞い ………………………………………………… 133
- ☀お悔やみ ………………………………………………………… 134

［2］メル友へのメール ………………………………………… 135

↳ 1 外国人とメル友になろう …………………………………… 135
- ☀ネイティブのメル友と文通 …………………………………… 135
- ☀メル友探しはここに注意!! …………………………………… 136

↳ 2 メル友との交流・実践編 …………………………………… 137
- ☀メル友募集の広告を出す ……………………………………… 137
- ☀自己紹介 ………………………………………………………… 137
- ☀募集広告への返事 ……………………………………………… 138
- ☀使えるフレーズ ………………………………………………… 140
- ☀日本の紹介 ……………………………………………………… 141
- ☀使えるフレーズ ………………………………………………… 142
- ☀近況報告 ………………………………………………………… 142

［3］あこがれのスターへの手紙＆メール …………………… 144

↳ 1 英語でファンレターを出そう ……………………………… 144
- **STEP1** 住所やメールアドレスを調べる ……………………… 144
- **STEP2** 英語で手紙を書いてみよう …………………………… 144
- **STEP3** 返信用封筒も入れておこう …………………………… 144
- **STEP4** あて先を書いて投函する ……………………………… 145
- ☀あて先に使われる略号 ………………………………………… 145

↳ 2 シンプルで気持ちの伝わるファンメール ………………… 146
- ☀使えるフレーズ ………………………………………………… 148

第3章 ショッピング&オンライン予約の Tips
海外でもっとオトクに賢く手に入れる! ……………… 149

3-1 海外通販の基本を知ろう …………………………………… 150

1 海外通販がオトクな理由 ……………………………………… 150
- 日本未発売のものが買える……………………………………… 150
- 日本よりも安く手に入る………………………………………… 150
- 賢くショッピングするための秘訣……………………………… 151

2 海外通販ビギナーの心得 12 か条 …………………………… 152
- ①ショップのポリシーをチェック！…………………………… 152
- ②日本への発送を行っているかチェック！…………………… 152
- ③輸入規制品でないかチェック！……………………………… 152
- ④支払方法と SSL 機能をチェック！…………………………… 153
- ⑤衣料品はサイズをチェック！………………………………… 153
- ⑥配送にかかる日数をチェック！……………………………… 153
- ⑦支払代金がはっきりしないときは見積もりを出してもらう…… 154
- ⑧なるべく 100 ドル以内に収める ……………………………… 154
- ⑨高価な物・壊れやすい物には保険を！……………………… 154
- ⑩ショップからのメールは即チェック＆保存！……………… 155
- ⑪届いた荷物はすぐにチェック！……………………………… 155
- ⑫クレームは早めに！…………………………………………… 155

3 最初は安心感の高いサイト・商品でお試し ………………… 156
- なじみのあるサイトを利用する………………………………… 156
- 確実にオトクな商品は本、CD、DVD ………………………… 157
- 映像商品はリージョンコードと映像方式に注意！…………… 158
- そのほかのお勧め商品…………………………………………… 159
- 注意する商品……………………………………………………… 159

4 海外通販の基本的な流れ ……………………………………… 160
- ①お気に入りのショップを探す………………………………… 160
- ②お目当ての商品を選ぶ→ショッピングカートに入れる…… 160
- ③注文を確定……………………………………………………… 160
- ④サインイン……………………………………………………… 161

- ⑤送付先情報を入力 ･････････････････････････････････････ 162
- ⑥カード情報を入力 ･･･････････････････････････････････ 163
- ⑦注文内容を確認 ･････････････････････････････････････ 164
- ⑧受付確認の画面 ･････････････････････････････････････ 164
- ☀エラー画面 ･･･ 165

5 ショッピングサイトの必須単語 ････････････････････････ 166

6 数に関する表現いろいろ ･････････････････････････････ 171
- ☀主な度量衡の単位 ･･･････････････････････････････････ 171
- ☀衣料品のサイズ対応表 ･･･････････････････････････････ 172
- ☀日付の表現 ･･･ 172
- ☀通貨の表現 ･･･ 173

3-2 トラブル回避のための基礎知識 ････････････ 174

1 クレジットカードを安全に使う ････････････････････････ 174
- ☀クレジットカードここが安心！ ･････････････････････････ 174
- ☀クレジットカードここに注意！ ･････････････････････････ 174

2 クレジットカード以外の支払方法 ･･････････････････････ 175
- ☀アメリカでは一般的なPayPal（ペイパル）････････････････ 175
- ☀その他の送金方法 ･･･････････････････････････････････ 175

3 配送方法もいろいろあります ･･････････････････････････ 176
- ☀航空郵便 ･･･ 176
- ☀国際スピード郵便 ･･･････････････････････････････････ 176
- ☀国際宅配便 ･･･ 176
- ☀船便 ･･･ 176
- ☀配送方法と料金の例 ･････････････････････････････････ 177

4 国際電話をかける ･･･････････････････････････････････ 178
- ☀以下の順番で番号をダイヤル ･････････････････････････ 178
- ☀かける前に「時差」をチェック！ ･･･････････････････････ 178

5 セキュリティを常に意識する ･･････････････････････････ 179
- ☀SSLはオンラインショッピングに不可欠 ････････････････ 179
- ☀個人情報を保護しているサイトか確認する ･･････････････ 179
- ☀セキュリティに関する必須単語 ････････････････････････ 179

6 税金のことを知る ･･･････････････････････････････････ 180

- ☀ 海外通販で支払う可能性のある税金類 ················· 180
- ☀ 主要品目別関税率および簡易税率の目安 ··············· 181
- **7 FAQ の正しい読み方** ································ 182
  - ☀ FAQ の例 ·· 182
- **8 クレームの表現いろいろ** ···························· 185
  - ☀ クレームメールに使えるフレーズ ··················· 185

3-3 予約サイトを賢く使う ·························· 189

- **1 ホテルを予約する方法** ······························ 189
  - ☀ ホテルの予約3つのパターン ······················· 189
  - ☀ ホテル予約で使えるフレーズ ······················· 192
- **2 ホテル予約のカテゴリー別必須単語** ·················· 194
  - ☀ 周辺の環境 ······································ 194
  - ☀ 部屋の種類・設備 ································ 194
  - ☀ 料金 ·· 195
  - ☀ 予約 ·· 195
  - ☀ 食事 ·· 196
  - ☀ ホテル・部屋のタイプ ···························· 197
  - ☀ ホテルの評価 ···································· 197
  - ☀ 確認メールの例 ·································· 199
  - ☀ キャンセルに関するポリシーの例 ··················· 201
- **3 レストランの予約** ·································· 202
  - ☀ 使える単語と表現 ································ 202
- **4 交通機関の予約** ···································· 203
  - ☀ 鉄道の単語 ······································ 203
  - ☀ エアラインの単語 ································ 204
  - ☀ レンタカーの単語 ································ 204
  - ☀ 格安航空の魅力 ·································· 204
  - ☀ 使える表現 ······································ 205
- **5 観劇・観戦チケットの獲得術** ························ 206
  - ☀ チケット代理店を利用する ························· 206
  - ☀ チケットマスター利用の注意点 ····················· 207
  - ☀ プレミアチケットを入手するには ··················· 207

- ※ミュージカルを本場で楽しむ……………………………………………………208
- ※演劇・ミュージカル関連用語＆表現………………………………………208
- ※間近であこがれのアーティストの曲を！……………………………………210
- ※コンサート・ライブ関連用語＆表現………………………………………211
- ※現地のサッカーファンと一緒に応援！……………………………………212
- ※サッカー観戦関連用語＆表現………………………………………………213

3-4 オークションにも挑戦 …………………………………………215

1 英語を使わず e-Bay で買える？ ……………………………………215
2 Amazon のマーケットプレイスでお試し……………………………216
3 これだけは知っておきたい必須単語＆表現 …………………………216
- ※オークションの基本単語………………………………………………………216
- ※アイテムの説明の単語…………………………………………………………217
- ※配送の単語………………………………………………………………………217
- ※出品者と落札者のやりとりに関する表現……………………………………217
- ※アイテムの説明に関する表現…………………………………………………219
- ※その他の表現……………………………………………………………………220

第4章 ブログ・BBS・SNS で広がる世界
英語でのコミュニケーション、恐れる必要はなし！ …… 221

4-1 英語のブログを楽しむコツ …… 222

［1］まずはお気に入りのブログを見つけよう …… 222
1 お気に入りブログの探し方 …… 222
2 厳選！ おすすめブログ …… 224
- 世界のカリスマブロガー …… 224
- ユニークな視点が光るブログ …… 225

［2］英語でブログを書いてみよう！ …… 227
1 気軽に始めるシンプルブログ …… 227
- 発信することで英語を自然に身につける …… 227
- まずは自己紹介から …… 227
- シンプルブログの書き方例 …… 228
- タイトルのつけ方 …… 229
- 本文の書き方 …… 229
- コメント欄の書き方 …… 229

2 毎日の日記に使える基本表現 …… 230
- 天気に関する表現いろいろ …… 230
- 情報発信に使える表現いろいろ …… 231
- 気持ちを表す表現いろいろ …… 232

3 トピック別・すぐ使えるフレーズ …… 234
- 食事 …… 234
- 会社 …… 236
- 学校生活 …… 237
- サークル・アルバイト …… 238
- 就職活動 …… 239
- 飲み会 …… 240
- 恋愛 …… 241
- スポーツ …… 242
- 音楽 …… 243

- ☀ 映画・テレビ ……………………………………………………… 244
- ☀ パソコン・ゲーム・デジタル製品 ……………………………… 245
- ☀ 健康・病気 ……………………………………………………… 246
- ☀ ダイエット ……………………………………………………… 247
- ☀ ファッション …………………………………………………… 248
- ☀ ペット …………………………………………………………… 249
- ☀ 習い事 …………………………………………………………… 250
- ☀ 旅行 ……………………………………………………………… 251

↳ 4-2 コメント力をアップする …………………………… 252

↳ 1 BBS の楽しみ方とマナー ………………………………… 252
- ☀ BBS ってどんなもの？ ………………………………………… 252
- ☀ forum を探してみよう ………………………………………… 252
- ☀ ファンフォーラムの例 ………………………………………… 254

↳ 2 気持ちや意見を伝えるコメントの表現 ………………… 255
- ☀ シーン別・使えるコメント …………………………………… 255
- ☀ ネイティブがよく使う、気持ちを表す擬音語・擬態語 …… 259
- ☀ ネット独自の表現 ……………………………………………… 259
- ☀ leet って知ってる？ …………………………………………… 260

↳ 4-3 SNS で世界中の人とコミュニケーション ………… 261

↳ 1 英語でさらに広がる SNS の輪 ………………………… 261

↳ 2 MySpace を使ってみよう ……………………………… 262
- ☀ プロフィールの項目 …………………………………………… 262
- ☀ ひとことコメントと自己紹介欄の例 ………………………… 262
- ☀ コミュニケーションの広げ方 ………………………………… 263

第5章 ウェブサイトの情報を読みこなす
日本語の情報だけで本当に満足していますか ………… 267

5-1 Google 検索の基本と応用 …………………… 268

1 Google は検索エンジンの代名詞 …………… 268
- Google ができるまで ……………………… 268
- 社名の由来の秘密……………………………… 268
- Googleplex とは ……………………………… 268
- 特別なデザインに変わるロゴ………………… 269
- 「グーグル八分」とは ………………………… 269

2 Google で検索する ………………………… 270
- 基本検索のしかた……………………………… 270
- ニュース検索…………………………………… 271
- アラート機能でニュースをチェック………… 271
- ニュースアーカイブ検索機能………………… 271
- 検索結果を絞る………………………………… 272

3 少しの応用技でスムーズ検索 ……………… 273
- キーワードにマイナスをつける……………… 273
- フレーズ検索…………………………………… 273
- OR 検索 ………………………………………… 273
- 意味を調べる define ………………………… 274
- よく使う検索コマンド………………………… 274
- 「検索されない」文字やキーワード？……… 275
- 検索条件を一度に設定………………………… 276

4 いろいろな Google 機能を使ってみよう …… 277
- Google Maps で旅行気分！ ………………… 277
- Google Street View でアメリカの都市を散策 ……… 278
- Google で世界中のウェブカメラを探す …… 278
- Google Earth で 3D を体感 ………………… 278
- Google ツールバーは便利！ ………………… 278
- 日本語未対応の機能を先取り？……………… 279

5-2 Yahoo! の各国サイト探訪 ... 280
- トップページを比較してみる ... 280
- 世界の Yahoo! の特徴は？ ... 282

5-3 ニュース&情報サイトを使いこなす ... 284

1 ニュース記事を読みこなすポイント ... 284
- **ポイント1** 興味のある記事を見つける ... 284
- **ポイント2** 読む習慣をつける ... 284
- **ポイント3** 最初は辞書に頼らない ... 285
- **ポイント4** 何度も出てくる単語はメモする ... 285

2 厳選！ おすすめニュースサイト ... 286

3 ニュースの見出しは奥が深い ... 287
- 見出しの特徴 ... 287

4 お楽しみ度100%の情報サイト ... 290
- スポーツ ... 290
- 映画・ドラマ ... 290
- 音楽 ... 290
- 料理 ... 291
- 美術 ... 291
- ゲーム ... 291
- 旅行・グルメ ... 291
- ネイティブに聞いてみた、使える情報サイト ... 292

5-4 新しいネットのツールを使いこなす ... 293

1 RSS で常に最新情報を入手する ... 293

2 ネットでラジオ&テレビ ... 294
- Podcast とは ... 294
- Podcast が楽しめるサイト ... 295
- ネットラジオ局 ... 295
- ネイティブおすすめ情報 ... 296

3 海外発の動画を楽しむ ... 297
- 動画配信サイト ... 297
- コメントで広がる面白さ ... 298
- 「危険」なサイトの利用は自己責任で！ ... 298

第6章 お助け翻訳ツールの使い方
わからなければネットに助けてもらおう …………… 299

6-1 自動翻訳サイトの活用術 ………………300
1 いろいろな翻訳エンジン ………………300
- 翻訳エンジンとは………………300
- 翻訳エンジンによる翻訳の違い………………301
- サイトによる翻訳エンジンの違い………………302
- 翻訳サイトのサービス内容………………303

2 英語を和訳する ………………304
- Google のテキスト翻訳機能 ………………304
- Google のウェブ翻訳機能 ………………305
- Yahoo! の翻訳機能 ………………306
- Google のマウスオーバー辞書機能 ………………306
- POP 辞書 ………………306

3 日本語を英訳する ………………307
- 英訳は和訳と逆の操作を行う………………307
- 英訳の精度を上げるコツ………………307

4 英語以外の言語を英語に翻訳する ………………308
5 いろいろな翻訳サイト ………………309

6-2 Web 辞書はネット上の電子辞書 ………………310
1 英単語の意味を英語で調べる ………………310
- Google の場合 ………………310

2 英単語の意味を英和・和英で調べる ………………311
- Google の場合 ………………311
- Yahoo!・goo の場合………………311

3 いろいろな Web 辞書………………312

ネットの用語集 ……………………………………… 313

- **1** ネットの基本用語 ……………………………… 314
- **2** エラーコード …………………………………… 325
- **3** ドメイン名の種類 ……………………………… 327
- **4** ネットでよく使う略語 ………………………… 338
- **5** 英語の顔文字 …………………………………… 346
- **6** leet 表記 ………………………………………… 350
- **7** 英語で使う句読点と記号 ……………………… 352
- **8** アメリカ・カナダの州名と略号 ……………… 354

※本書の記述は、原則として 2008 年 3 月末時点の情報に基づくものです。各社のサービス内容、URL、ウェブサイト画面などは、都合により変更される場合があります。
※本書に登場する会社名・商品名・サービス名は、一般に各社の商標または登録商標です。

第 1 章

ネットの英語はここまで
ポピュラー&カジュアル

まず初めに、ネットを利用するときに「英語が苦手だから…」と日本語だけに限った使い方をしている方にこそ、ぜひ読んでいただきたいことを集めました。

1-1 ネットと英語
ネットで英語を使うときには、中学生程度の文法力・語彙力でかなりのコミュニケーションをとることが可能で、ネットの楽しみ方も広がることを紹介します。

1-2 ネットに関する表現集
日本語にも多くが取り入れられるようになったインターネット特有の用語が、英語の会話ではどのように使われるかを具体的な例文で示してあります。

1-3 英語でも忘れちゃいけないネットのマナー
インターネットを日常使うときに気をつけたいことを改めてまとめました。

1-1 ネットと英語

今やあたりまえ―ネットのある生活

　便利なインターネット。おそらく皆さんも毎日食事をし、テレビを見るのと同じように、あたりまえのこととしてインターネットを利用していることでしょう。ほんの10年ちょっと前には、私たちの暮らしにインターネットがなかったなどと思えないくらい、普通に。

　何かわからないことがあったらネットで調べ、旅行に行くときの航空券の予約から旅先のすてきなホテル、おいしいお店の情報もインターネットで。街角で耳にした海外のアーティストの曲、CDを買いたいけど、だれが歌ってるの？　何ていう曲？　というときも、歌詞の一部で検索すればお目当てのアーティストや曲名を探し出すことができます。

　そういったとき、英語のサイトがもっと多く上位にあるのにもかかわらず、検索結果から日本語のウェブサイトだけを見ようとしていませんか？　英語のサイトをすべて避けていると、貴重な多くの情報を見逃してしまうことになるのです。

「情報通」と言われる人は、ネットで英語の情報に接している

　「あの人っていろんなニュース知ってるよね」「そうそう、この間のカリフォルニアの竜巻のことだって、まるで現地で体験したみたいに詳しかったものね」などと友人知人の間で評判の人は、自然にネットで英語に接しているはず。

　インターネットの最大の魅力は世界各国とつながっていること。世界がぐんと広くなる可能性を秘めたツールなのです。英語は苦手だからと敬遠せず、積極的にさまざまな国や地域のニュースを現地発の情報で読んでみたいものです。その地域や国のほうが、そのニュースや情報について関心も高いので、より詳しい情報を提供しているはずです。これを利用しない手はありませんね。

中学生程度の文法力&語彙力でかなりのコミュニケーションが可能

　ネットのコミュニケーションはスピードとわかりやすさが命。日本語のサイトでも、学術的・専門的なものを除けば、くどくどと回りくどい文章、読みにくい文章、難解な文章はそう多くはないと思います。

　日常生活でお天気を調べる、出かけるときにちょっと路線を、美術館の休館日などをチェックしたいときに見るサイトは、わかりやすくすぐに知りたい情報が得られるはず。おいしいもの好きや野球ファンのブログだって、難解な文章はあまりないはずです。

　英語のサイトも同じです。中学生程度の文法力&語彙力でかなりのコミュニケーションが可能です。大げさに構えなくても、慣れてきたらサクサクと便利に使えるはずです。

　たとえば、膨大な映画関連のデータベース The internet movie database (IMDb) では、映画の出演者、あらすじ、ユーザーによるコメントなどを見ることができます。とても簡単な英語であらすじなどが書いてありますので、気になる映画があれば探してみては？

URL IMDb ▶ http://www.imdb.com/

映画「ダ・ヴィンチ・コード」のページより抜粋
Plot Outline: あらすじ
A murder inside the Louvre and clues in Da Vinci paintings lead to the discovery of a religious mystery protected by a secret society for two thousand years --- which could shake the foundations of Christianity.
> ルーブル美術館で起きた殺人と、ダ・ヴィンチの絵に残された手がかりが2000年も前の秘密組織によって守られてきた秘密へと導く。それはキリスト教の根本を揺るがすものであった。

苦手意識は捨てよう

「英語のほうが情報量が多いのはわかってるけど、英語は苦手だから」
「そうそう、学校の授業だけで、もううんざり。文法だって忘れてるし…」

そう思っている多くの方々も、その苦手意識はいったん棚の上か机の引き出しにでもしまっておいてください。難しいと思い込んでしまった文法や、結局ネイティブみたいには話せないとあきらめてしまった発音、そんなことは気にせず、マイペースで楽しめるのがネットの英語ですから。

だって、せっかく大好きな英米のアーティストのウェブサイトを見るというのに、日本語版のサイトだけじゃ物足りなくないですか？

海外旅行が好きなのに、現地発の情報サイトを読まない、体験談のブログが英語だからということで尻込みしてるのって、もったいですよね。

また「英語は仕事や学校だけにしたいな…」と消極的な方も意外と多いようです。学校で英語を学んだのなら、海外の音楽や映画を楽しんでいるなら、ネットで英語版サイトから情報を手に入れる力はもう十分あるはず。せっかくのスキル、まさに「宝の持ち腐れ」です！

ツールとしての英語をめざそう—ネットがツールであるのと同じ

パソコンもインターネットも今やツール、言わばよく使う文房具のようなものです。インターネットを利用するときに英語を使うのも、英語が便利なツールだから。

そうです、「ネットで英語をモノにしてやる！」なんて気負いすぎず、気軽なスタンスで使ってみましょう。もちろん、その結果バリバリの英語の達人になったら、それはそれでめでたしですね。

また、最初から「ツールである英語も使いこなせないって、最低なわけ？」と落ち込まないでください。どんな道具にも慣れるということが必要です。

いきなり「CNNのニュースサイトをすべて読みこなそう！」とか高い目標を立てる必要などないのです。自分の興味のあること、大好きなジャンルのサイトで慣れていきましょう。そうすれば、心のハードルもグンと低くなりますから。

スポーツ・音楽・映画—興味のあることから始めよう

　何か情報を探すとき、日本のサイトはチェックするけれど、英語のページはつい避けてしまう…という方は多いのではないでしょうか。でも自分の好きな分野であれば、他のカテゴリーよりはとっつきやすいですし、基本的なボキャブラリーはあるはず。好きなことを楽しみながら、少しずつネットの世界を広げていきませんか？

　もし、あなたがバスケットボールファンなら、NBAの公式サイト **NBA.com** を見てみてください。日本語サイトもありますが、翻訳されている情報は英語版に比べほんの一部です。英語版はハイライト動画の配信をはじめ情報量が多く、FAN VOICEのコーナーにはForumやブログのページがあり、ファン同士で試合の感想を論じ合ったりして交流できるのです。

　TV.com はアメリカで人気のテレビ番組の情報が盛りだくさん。人気番組のランキングや、ドラマの概要などを見ることができます。またテレビから飛び出した人気者や新番組の情報もゲットできます。

　イギリスの芸能・スポーツのニュースやゴシップをいち早く読みたい方はタブロイド紙 **SUNのサイト**、アメリカのエンタテインメントやセレブ関係のニュースに興味があるのなら芸能週刊誌 **Peopleのサイト** がおすすめです。**Entertainment Today** ではニュースからセレブのゴシップ、ファッションスタイルなどアメリカのショービズ界が見えてきます。日本語のニュースになってくるものは、日本でも有名なスターのほんの少しの情報なんだな…と実感するかもしれません。

> **URL** NBA.com ▶ http://www.nba.com/
> 　　　TV.com ▶ http://www.tv.com/
> 　　　The Sun Online ▶ http://www.thesun.co.uk/sol/homepage/
> 　　　People.com ▶ http://www.people.com/people/
> 　　　Entertainment Today ▶ http://www.entertainmenttoday.net/

　こんなふうに、音楽やスポーツ、映画の情報、今度の休みに旅行予定の海外の現地情報など、興味のあることから始めてみましょう—ネットで英語。

世界のウェブサイトの8割は英語

　今やインターネットの利用者は12億人超。その中で英語圏（英語を母国語として話す）の人はたった30％程度なのに、世界のウェブサイトの8割は英語で書かれています。インターネットを最大限に利用するためには、英語のページを避けていてはいいことがなさそうですね。

　インターネット利用者のうち約30％が英語圏の人ですが、それに続くのは、中国語圏、スペイン語圏、日本語圏の順になります。

インターネットで使用される言語ベスト10とユーザー数

言語	ユーザー数（百万人）	割合
英語	380	30.1%
中国語	185	14.7%
スペイン語	113	9.0%
日本語	88	6.9%
フランス語	64	5.1%
ドイツ語	62	4.9%
ポルトガル語	51	4.0%
アラビア語	46	3.7%
韓国語	34	2.7%
イタリア語	33	2.6%
その他	206	16.3%

（2007年11月末現在、Internet World Stats）

　また、ブログに限って見ると、投稿数が一番多いのは日本語で、全世界のブログの37％を占める、という意外な調査結果もあります（2006年第4四半期の結果：ブログ検索のTechnoratiが発表したレポートによる）。
　もしあなたがブロガーならば、英語でブログを書いてみたら、世界中のより多くの人に読んでもらえるかもしれませんね。

ネット普及で変わる必要な英語力

　日本で TOEIC テストを実施・運営する、財団法人国際ビジネスコミュニケーション協会が行った「ビジネスパーソンの国際化に関する意識調査」（2007年7月実施）によれば、世界中とつながるウェブ関連サービスが普及するにつれ、必要と感じる英語力に変化が出てきていることがわかりました。

　「自分も英語さえできればよかったのに」と感じた人が全体の 80.5％にのぼり、その中でも「どのようなシーンでそう感じるか」という質問に対して、**「インターネット（ニュースポータル、YouTube、Second Life、オンラインゲーム）を使っているとき」**(30.7％)が、「趣味・娯楽（旅行・映画鑑賞・読書など）や友人・知人との会話において」（54.3％）に次いで**第2位**だったそうです。

　これからのグローバル社会において必要な英語力に関しては、**自分の意見などを積極的に話したり書いたりする「発信型英語力」**（65.8％）が、誰かの発言や文章を読んだり聞いたりする「受信型英語力」（34.2％）の2倍近い数字となりました。これまで英字新聞を読んだり、CD 教材でリスニングの練習をしたり、と受信型の学習をしてきた人も、ネットの普及によりただ情報を得るだけではなく、自分から情報を発信する必要性を痛感する機会が増えたためでしょう。

　しかし、**「発信型英語力が身につきそうなウェブ関連サービスでの行為」**では、Second Life、Skype、MySpace などが挙がったものの、「そのようなサービスを利用したことがない」という回答が 36.8％で一番多かったそうです。

　英語の話せる友人や恋人をつくる、英会話学校に通う、英語で習い事をする、など、発信型英語力を身につけるための方法はいろいろありますが、誰でもどこでも気軽に始められ、趣味や情報収集との一石二鳥のツールとして、ネットの各種サービスは、これから大いに利用価値がありそうです。

人気のある英語のサイト Top10

　世界で人気のある英語のサイトには、どんなものがあるのでしょうか。以下が Top10 です。「あ、このサイトなら日本語版で見たことがある」というものもあるはず。それならば、そのなじみのあるページを英語バージョンで見てみるのはどうでしょうか。「英語で楽しむネット生活」のスタートとしてはお勧めです（2008 年 3 月現在）。

No.10　Windows Live　URL http://www.live.com/

　マイクロソフト社の運営するポータルサイト（インターネットにアクセスするときに玄関口となるウェブサイト）。情報、メール、検索、ファイル共有などのサービスがある。Windows ユーザーがカスタマイズできるオンラインデスクトップを供給しています。

No.9　Go　URL http://go.com/

　ディズニーグループのポータルサイト。グループである ABC や ESPN のニュース検索もできます。ディズニーファンに大人気のサイトです。

No.8　CNN（Cable News Network）　URL http://edition.cnn.com/

　CNN（Cable News Network）はアメリカのケーブルテレビ向けのニュース配信専門局。世界中の最新ニュースと情報を 24 時間配信し続けています。

No.7　Craigslist.org　URL http://www.craigslist.org/about/sites.html

　インターネットで急速に伸びているオンラインの案内広告の一つです。「車をお探しですか」「家を借りたい？」「デートの相手や仕事をお探しですか」と必要なものを見つけられます。

No.6　Amazon　URL http://www.amazon.com/

　ワシントン州シアトルに本拠地を置き、Fortune500（全米企業番付）にも選ばれました。1995 年に WWW でバーチャルストアを開設し、今や世界最大の品ぞろえを提供しています。

No.5 eBay.com　URL http://www.ebay.com/

　世界最大のネットオークションサイト。ピエール・オミディアがオンラインでの取引を促進するソフトウェア・プログラムを開発した1995年に始めました。

No.4 Microsoft Network　URL http://www.msn.com/

　マイクロソフト社が運営するポータルサイトで、ニュースやメール、ショッピングなどさまざまなサービスがあります。

No.3 MySpace　URL http://www.myspace.com/

　ソーシャル・ネットワーキング・サービス（SNS）の一つ。世界中に会員を持つコミュニティサイト。インターネット上にプロフィールを載せ、そこで同じ興味を持った人々と交流することができます。現実社会での社交クラブやサークル活動に似ているかもしれません。

No.2 Google　URL http://www.google.com/

　世界中の人が愛着を持ち利用するブランド「Google」の検索エンジンサイトです。Google News、Google Maps、Gmailをはじめ多くのサービスを提供しています。

No.1 Yahoo!　URL http://www.yahoo.com/

　インターネット社会で最も古くからあるウェブサイトの一つです。Yahoo!という会社名は、創立者のジェリー・ヤンとデビッド・ファイロが自分たちを「ならずもの」だと考え、『ガリヴァー旅行記』に登場する野獣の名前に由来し「粗野な人」という意味があるyahooとつけたそうです。感嘆符が付いているのは「ヤッホー！」「やったー！」を意味する感嘆詞のyahooと掛けているとも考えられています。

1-2 ネットに関する表現集

　日本語でも Google から派生した「ググる」が、「検索する」という意味で使われるようになるなど、インターネットの普及は、私たちが日常使う言葉にも変化をもたらしています。

　もちろん英語の会話でも、同じことが起きています。

　ここでは、英語でインターネットに関する会話例を見てみましょう。

1 メール (Mail)

Let me text message you.
　（携帯に）メールするね。

　　text message「携帯電話のメール」　　動詞でも使えます。

Can you send me an email?
　メールを送ってください。

　　もともと electric mail（電子メール）と2語だったものを e-mail と短縮形にしましたが、現在は一般的な単語として定着したため、ハイフンは入れず email と表記することが多くなっています。

Which email client do you use?
　メールソフトは何を使ってますか？

　　email client は、ここでは Outlook Express、Thunderbird、Eudora などのメールソフト（メーラー）を意味しています。

What mail reader do you use?
　メールソフトは何を使ってるの？

Did you get the email I sent you?
昨日私が送ったメールは届いた？

Did you get my email?
私のメール届いた？

I got an email from my sister.
姉からメールが来た。

Please CC Mark Johnson on the email.
そのメール、マーク・ジョンソンにも CC をお願いします。

CC は、Carbon Copy「同報送信」のこと。動詞でも使います。

Please BCC everyone on this email.
このメールを皆に BCC してください。

BCC は、Blind Carbon Copy「受取人以外のアドレスを隠した同報送信」の略。動詞でも使います。

I get several mailing lists.
メーリングリストを作ったよ。

「メーリングリスト」はメールの利用法の一つ。グループ全員を特定のメールアドレスに登録し、そのアドレスに届いたメールをグループ全員に送付するシステム。

I'm sick of getting spam.
迷惑メールにうんざりだよ。

spam mail「スパムメール」
インターネットを利用して、大量に配信する広告メール・迷惑メールをさします。

I get more than 20 spams a day.
1日に 20 以上も迷惑メールが来るよ。

Could you send me the document as an attachment?
その書類、(メールに) 添付して送ってくださいますか？

as an attachment「添付(ファイル)で」 attachment「添付ファイル」

Attached is my resume.
履歴書を添付します。

This email is too big.
このメール大きすぎ。

回線スピードの問題などから、メールに大きなサイズの書類を添付すると、受信に時間がかかる、または大きすぎて送れないこともあります。

The email bounced.
そのメール、(アドレスが違って) 戻ってきちゃった。

bounce「送信したメールがあて先不明で戻ってくる」

My mailbox is full.
メールボックスがいっぱいだ。

プロバイダのメールボックスの容量を超えると、メールが送られても受け取れない、あふれたメールが削除されるなどの事態になります。

What is the storage limit on this email account?
このメールアカウントの容量は？

storage limit「(メールボックスの) 容量」

I used a web-based email account.
ウェブメール (のアカウント) を使ったよ。

web-based email「ウェブメール」は、ウェブブラウザ上からでも利用可能な email システム。Hotmail (マイクロソフト)、Gmail (グーグル)、Yahoo! メール (ヤフー) などが有名です。

Sorry, your email went into my spam folder.
ごめんなさい、あなたのメールが迷惑メールのフォルダに入っちゃってた。

spam folder「迷惑メールフォルダ」

Your email was deleted by my spam filter.
あなたのメール、迷惑メールチェックで削除されちゃった。

spam filter「迷惑メールチェック対策機能(フィルタ)」

I accidentally deleted your email.
間違ってあなたのメール削除しちゃった。

Your email was all garbled.
あなたのメール、全部文字化けしてた。

garbled「文字化け」

There's a problem with the encoding.
エンコードに問題がある。

エンコード(符号化)の設定ミスが、メールの文字化けの多くの原因。

Please encrypt the email.
そのメール暗号化してください。

encrypt「暗号化する」

It's in a PDF.
それは PDF にしたよ。

PDF は Portable Document Format の略。アドビ・システムズ社の開発したファイル形式で、文書などのイメージをそのまま再現できるものです。

I can only receive plain-text emails.
テキスト形式のメールしか受け取れないんだ。

plain-text email「テキスト形式の電子メール」

My email address is mikikotanaka@hotmail.co.jp. That's Mikiko, M-I-K-I-K-O Tanaka, T-A-N-A-K-A at hotmail H-O-T-M-A-I-L dot C-O dot J-P.

「私のメールアドレスは mikikotanaka@hotmail.co.jp です」と言うときの表現。at は＠のこと。

Could you compress the file, please?
そのファイル圧縮してくれますか？

compress「（ファイルのサイズを）圧縮する」
⇔ expand「解凍（展開）する」

I zipped the file.
そのファイル、圧縮しました。

zip「圧縮する」　　zip はファイル圧縮形式の一つ。

Don't forget to set up your autoresponder when you're away.
不在時は自動返信メールの設定をしておいてね。

autoresponder「自動返信」
返信用のメールを作成して保存し、不在中に届いたメールに自動的に返信するようにする設定。

2 ウェブ (WWW)

I'll google it.
Google で検索します。

固有名詞 "Google" が「検索する」という意味の動詞としても使われるようになりました。動詞の場合、綴りは Google、google どちらも使われます。

How much time do you spend web-surfing?
どのくらい（の時間）ネットを見てる？

web-surfing は net-surfing ともいいます。インターネットのウェブサイトを検索しながら、多くの情報の波間を次々見て回ることをサーフィンにたとえています。

What's the URL?
その URL は？

URL = Uniform Resource Locator 「ウェブページなどのアドレス」に当たります。

Could you write the URL down for me?
その URL を書いてくださいませんか？

Try doing a search with the terms pet and cat.
pet と cat で検索してみてよ。

do a search 「検索する」

I bookmarked your homepage.
あなたのホームページ、ブックマークしたよ。

bookmark は、名詞では「しおり」のことですが、「気に入ったページ・よく見るページをブラウザに記憶させる機能」のこと。ブラウザによっては favorite「お気に入り」と言います。ここは動詞で「ブックマークする」の意味。

Do you ever visit English-live.com?
English-live.com のサイト、見たことある？

「ウェブサイトを閲覧する」ことを visit で表せます。

Do you ever play online games?
オンラインゲームしたことある？

online game「インターネットを介してプレーするゲーム」

I bought this on eBay.
これ eBay で買ったんだよ。

eBay「イーベイ」　世界最大のオークションサイト。

I'm into MMORPG's.
MMORPG のメンバーになったよ。

MMORPG = Massively Multi-player Online Role Playing Game「多人数同時参加型オンライン・ロールプレイングゲーム」
多数のメンバー（数百人から数千人）が同時に一つのサーバに接続して参加するオンライン・ロールプレイングゲームのこと。

What kind of sites do you like to look at?
I usually visit astrology sites.
どんな種類のサイトを見るのが好き？

いつもは星占いのサイトを見るわ。

I posted some pictures on a photo-sharing site.
写真をオンラインアルバムに載せたよ。

a photo-sharing site「写真や動画を投稿して共有するサイト」
「オンラインアルバムサービス」とも言う。

The site was down for 8 hours.
そのサイトは８時間アクセスできなかった。

down「サーバのダウンなどでアクセスできない状態」

Is this a secure site?
このサイトって安全？

secure「安全な、危険でない」

Which mirror site should I use?
どのミラーサイトを使ったらいいの？

mirror site「ミラーサイト」

まったく同じ内容を持つ複製サイト。アクセスが集中してサーバがダウンするなどの事故を回避するため、同じ内容のサイトを作る場合があります。

Check out this link.
このリンクを訪問してみてください。

check out も visit と同じように使えます。

I do a lot of research using the internet.
私はインターネットを使って、たくさん調べものをします。

いわゆる「インターネット」は唯一の存在であるので、辞書では固有名詞として Internet と頭文字を大文字で表記しています。しかしすでに広く定着している単語として、internet と小文字で書く人が多くなっています。

The site was down for maintenance, so I looked at the cached version in my browser.
サイトがメンテナンス中だったので、キャッシュのページで見た。

cache「キャッシュ」

ここでは、ウェブページの表示を速くするため、一度ダウンロードしたデータを蓄えておくこと。Google 検索などで使うと、元のサイトが変更・移転しても、過去の情報を検索できる。

These pop-ups/pop-up ads are really annoying.
ポップアップ広告って、ホントわずらわしいよね。

pop-ups/pop-up ads「ウェブページに次々現れる広告」

Click on the back arrow/forward arrow/refresh button.
　　前に戻る／進む／更新ボタンをクリックしてください。

Right/left click here.
　　ここで右クリック／（左）クリックしてください。

Type the URL here.
　　ここに URL を入力します。

Press the <Enter> key.
　　エンターキーを押してください。

Try a Boolean search.
　　ブール検索を試してみて。

　　Boolean search「AND、OR、NOT などを使った検索」
　　すべてのキーワードを含むときは AND で、いずれかのキーワードを含むときは OR 検索を、除外したいキーワードは NOT を用いて検索します。

I usually read the paper online.
　　たいていは新聞はオンラインで読むよ。

I'm planning my vacation online.
　　ネットで休暇の計画を立てているところです。

　　online は、「インターネットを使って」という意味でも使われます。

I reserved a hotel over the web.
　　ウェブでホテルを予約しました。

It's an e-ticket, so I just check in at the airport.
　　電子チケットだから空港でチェックインするだけでいいんだ。

　　従来は紙の航空券が必要だったが、今ではネットで予約した航空便は、航空会社などのカードでチェックインできます。

3 ネットに接続 (Connecting to the Internet)

What kind of connection do you have?
どういう接続にしていますか？

ここでは、光ファイバ（optical fiber）、ADSL、CATV などインターネットの接続方法を尋ねています。

How fast is your internet connection?
あなたのインターネット接続のスピードは？

通信速度を聞いています。100Mbps「100 メガ bps」など通信速度の単位は bps（bits per second）を用います。

Do you have a broadband connection?
接続はブロードバンドですか？

broadband は、従来のダイヤルアップや ISDN 接続などに比べ、高速な光ファイバ、ADSL、CATV などのインターネット回線をさします。

My internet connection is really slow.
私のネット回線は、とても遅い。

What provider do you use?
どのプロバイダを使っていますか？

My provider's down.
プロバイダに問題がある（のでネットに接続できない）。

Shall we call technical support?
テクニカル・サポートに電話しましょうか？

接続会社のテクニカル・サービスなどに連絡するときの表現。

Which browser do you have installed?
どのブラウザをインストールしてる？

ブラウザ（インターネットでウェブサイトを閲覧するアプリケーション）の種類（マイクロソフト社の Internet Explorer やアップル社の Safari、モジラの Firefox など）を尋ねる表現。

Do you have the Flash plug-in?
Flash Player のプラグインはある？

plug-in「プラグイン」
ブラウザなどのアプリケーションに追加機能を提供するためのプログラム。

Is JavaScript installed on your computer?
あなたのパソコンには JavaScript をインストールしてある？

JavaScript「ジャバスクリプト」
主にブラウザ上で使用されるスクリプト言語の一つ。ウェブページに動きや対話性を付加する。

I usually go to an internet café.
私はよくネットカフェに行きますよ。

マンガ喫茶同様、町でよく見かけますね。

Do you have Wi-Fi access here?
ここは無線 LAN 接続できる？

Wi-Fi「ワイ・ファイ（Wireless Fidelity の略語）」
無線 LAN の標準規格である IEEE802.11a、IEEE802.11b の愛称。

I can't log on to the server.
サーバにログオン（ログイン）できない。

Do you have cookies enabled?
クッキーを有効にしていますか？

cookie「クッキー」
サイトを訪れたユーザーの情報をクライアント側に一定期間保存する機能。認証や各種サービスのパーソナライズ化の基本技術として広まっています。

I changed my proxy settings to speed up my internet connection.
接続速度を上げるため、プロキシの設定をした。

proxy「プロキシ、プロクシ」
企業などの内部ネットワークからインターネット接続を行う際、セキュリティ確保と高速アクセスのために設置されるサーバ。

I forgot my password.
パスワードを忘れちゃった。

I don't know my login name.
自分のログイン名がわからない。

Do you have the login and pass?
ログイン名とパスワードを持っていますか？

pass = password

My account has been suspended.
私のアカウントはずっとサスペンド状態だ。

大量に送られたスパムメールなどでアカウントが機能しなくなっていること。

I'm an internet newbie.
私はインターネットを始めたばかりです。

newbie「インターネット初心者」

4 ブログ、ホームページ、ポッドキャスト (Blogs, Homepages, and Podcasts)

Do you have a blog?
ブログ書いてる？

I read an interesting post on his blog yesterday.
昨日、彼のブログでおもしろい投稿を読んだ。

post「投稿、投稿する」

What do you usually blog on?
あなたのブログでは、どんな話題について書いていますか？

I have a homepage about studying English.
英語の学習についてのホームページを開設しています。

I haven't updated my homepage for a long time.
長い間ホームページを更新していない。

update「更新する、アップデートする」

I got a lot of hits last week.
先週、私のウェブサイトにはたくさんのアクセスがあった。

hit「ウェブサイトへのアクセス数」

hit はウェブでのアクセス数の単位でもあります。

My homepage gets about 200 hits a day.
私のホームページは、毎日だいたい 200 アクセスがある。

I want to improve my site's ranking.
私のサイトをランクアップさせたいな。

improve my site's ranking は、検索エンジンで検索したときに、上位にランクされるようにすること。

I'm going to up my site next week.
来週、サイトを立ち上げます。

up = upload 「情報をネットワークにのせる」

The site isn't up yet.
サイトはまだできていない。

There are a lot of people linking to it.
たくさんの人が、そこにリンクする。

link「リンク、情報を別の情報に結びつけること」

I added a links page.
リンクページを追加した。

I often download podcasts and listen to them on my MP3 Player.
よくポッドキャストでダウンロードし、MP3 プレイヤーで聴きます。

podcast「ポッドキャスト」
ネットで配信されるラジオ番組や映像を自動的にパソコンに取り込んで、iPod などのデジタル・オーディオ・プレイヤーに転送し、視聴できるシステム。

I subscribe to his podcast through an RSS feed.
RSS 機能で彼の番組を購読しています。

subscribe「購読する、メーリングリストに加入する」
RSS「ニュースやブログなどの更新情報をまとめて配信する機能」

Please sign my guestbook.
私のゲストブックに署名してください。

guestbook「電子掲示板の一種」
ウェブサイトを初めて訪問した人があいさつ代わりに書き込むために設置する。

5 ネットでの交流 (Socializing on the Internet)

I enjoy chatting online.
ネットでチャットを楽しみます。

chat「チャットする」
リアルタイムで文字による会話を行うシステム。

We often chat online.
よくネットでチャットをします。

We met online.
私たちはネットで知り合いました。

I'll be online after 10 PM tonight if you want to chat.
チャットしたいなら、私は今晩10時以降だいじょうぶですよ。

be online はインターネットで通信できる状態にある、ということ。

I heard that internet match-making sites can be dangerous.
出会い系サイトは危ないことがあると聞いたよ。

match-making site「結婚紹介や恋人紹介のサイト」

My son uses the internet for instant messaging.
息子はメッセンジャーを使うためにネットを使う。

instant messaging「コミュニケーション用アプリケーション（IM：インスタントメッセンジャー）を用いてリアルタイムでコミュニケーションすること」

I often post on this bulletin board.
よくこの掲示板に書き込みをします。

post「投稿する」　bulletin board（= BBS）「掲示板」

He flamed me.

彼は私を侮辱する書き込みをした。

flame「ネット上で喧嘩する、相手を侮辱したり怒らせたりする書き込み・投稿をする」

I think he's trolling.

彼はあおっているだけだよ。

troll「掲示板で面白半分に他のメンバーをわざと怒らせること（人）」

Stop top-posting.

トップポスティングはやめてください。

引用文の後に返信を書くこと（bottom-posting）を好む人もいれば、その逆（top-posting）を好む人もいます。

I just lurk on the bulletin board.

私はただ掲示板を読んでいるだけです。

lurk は「コソコソする」という意味なので、掲示板を読むけどコメントはしないことをさします。

He's a lurker.

彼は読むだけで書き込みはしない人です。

lurker「メーリングリストの参加者ではあるが書き込みはしない人、チャットルームや掲示板を読むだけでコメントはしない人」

日本語でも掲示板や SNS の中で「読み逃げ」「踏み逃げ」などの俗語があります。

He's a fanboy.
彼はオタクだ。

fanboy「マニアの少年、オタク」（少女の場合は fangirl）　マニア世界内部では、この語はしばしば軽蔑的。ゲーム、SF、アニメ、漫画、音楽、ファンタジーのような現実から離れた事柄のファンで、マニアックな知識・興味を持つ者。何のマニアか明示するには対象の人・物・作品の名を前置する。

例 Tolkien fanboy（トールキンマニア）、Xbox fanboy（Xbox オタク）、Gundam fanboy（ガンダムマニア、ガンオタ）

George is a nerd, but he's a nice guy.
ジョージはパソコンオタクだけど、いいヤツだよ。

nerd「（コンピュータなどの）マニア、オタク」
似たような意味で geek という単語もよく使われます。

I think someone is cyber-stalking me.
誰かが、私をネットストーキングしていると思う。

cyber-stalking「サイバーストーキング」
ネットストーキングとも言います。ネットを利用してストーカー行為をすること。

I got some information from USENET.
ネットニュースから情報を得た。

USENET とは、トピック別にグループ化されたメッセージを交換するホストコンピュータのネットワークのこと。

I keep an online diary on a site called mixi.
ミクシィに日記を書いています。

a site called ...「〜というサイト」
mixi は日本で最も利用者数が多い SNS。

6 ダウンロード (Downloading)

I downloaded it.
それをダウンロードしました。

What kind of stuff do you usually download?
I download a lot of music from iTunes Store.
どんなのをダウンロードしてる？
iTunes Store で音楽をたくさんダウンロードしてるよ。

You shouldn't download pirated music.
音楽の海賊版をダウンロードしちゃダメよ。

pirated music「海賊版、著作権を侵害して配信される音楽や映画など」

I'll send you the file by FTP.
あなたに FTP でファイルをお送りします。

FTP = File Transfer Protocol「ファイル転送プロトコル」

He's a software pirate.
彼は違法コピーしたソフトを使っている。

pirate は「海賊」のこと。「著作権侵害者」の意味で使われます。

I downloaded a patch for Windows.
ウィンドウズのパッチをダウンロードした。

patch「プログラムの一部を修正すること、修正するためのファイル」「つぎ、あて布」がもともとの意味。

You can get an up-to-date driver online.
アップデートのドライバをオンラインで落とせるよ。

7 安全とセキュリティ(Safety and Security)

I'm worried about identity theft.
個人情報を盗まれるのが心配です。

identity theft「なりすまし犯罪、個人情報泥棒、個人情報の盗難、身元詐称」= ID theft

I don't want to give out my credit card number online.
クレジットカードの番号をネットに書き入れたくない。

My ISP has a good spam-blocking service.
私のプロバイダは、迷惑メール対策がすごいよ。

ISP = Internet Service Provider
プロバイダも、迷惑メールの排除やウィルスチェックなどセキュリティ機能を強化している。プロバイダによって内容が異なります。

This email looks like a phishing scam.
このメールはフィッシング詐欺みたいだ。

phishing scam「フィッシング詐欺」
アメリカで2003年頃から発生したウェブ偽装詐欺。銀行やクレジット会社を装ってメールを出し、「確認のため個人情報を入力してください」と誘導して、他人の銀行口座の暗証番号などを盗み取ること。

You should make sure the site has an SSL before ordering online.
ネットで注文する前に、そのサイトがSSLを導入しているかどうか確認したほうがいいよ。

SSL = Secure Sockets Layer「セキュア・ソケット・レイヤー」
ネットスケープ・コミュニケーションズ社によって開発されたインターネット上の送受信におけるセキュリティ規格のこと。情報を暗号化して送受信します。

My computer is infected with spyware.
私のパソコンはスパイウェアに侵入されている。

infect「ウィルスなどが侵入する」

I can't get rid of the adware in my computer.
パソコンからアドウェアを削除できない。

adware はスパイウェアの一種で、勝手に広告を表示させるもの。無料のソフトウェアでその画面に広告を表示させるものもあります。

Did you run a virus scan on the file?
そのファイル、ウィルスチェックしましたか？

Which anti-virus software do you use?
どのウィルス対策ソフト使ってる？

anti-virus software「ウィルス対策ソフト」

Is your anti-virus software up-to-date?
ウィルス対策ソフト、アップデートした？

How strong is your computer's firewall?
あなたのコンピュータのファイアウォールはどのくらい有効？

firewall「ファイアウォール」
危険、または安全性が確認できないところからの情報をブロックする機能。ウィルス対策ソフトに搭載されているものや OS に組み込まれているものがあります。

Do you have an internet firewall?
ファイアウォール機能を使っていますか？

This software may contain a virus.
このソフトにはウィルスが入っているかもしれない。

They used a keylogger to steal his credit card number.
彼らは、キーロガーを使ってクレジットカード番号を盗んだ。

keylogger「キーボードの入力履歴を記録するソフト」

暗証番号やクレジットカード番号を盗むなど悪用されることもあります。

Our site was hacked.
私たちのサイトはハッカーにやられた。

hacker「他人のコンピュータに勝手に侵入し、プログラムを書き換えたり破壊したりする人」

もともとは「コンピュータに精通した人」をさしましたが、日本では「悪意を持って侵入する人」をさすことが多い。悪事を働く人をさす表現として、crackerもよく使われます。

A hacker stole some passwords and confidential data from our server.
ハッカーに私たちのサーバからパスワードや極秘データを盗まれた。

8 ネットビジネス (Internet Business)

We're trying to establish a web presence.
私たちはウェブサイトを開設しようとしている。

web presence「ウェブサイト」

Our IT people are working on the new site.
新しいサイトのため、IT 部門のスタッフが仕事をしている。

We want a user-friendly site.
使いやすいサイトがいい。

user-friendly「使い勝手のよい」

We set up a corporate intranet.
イントラネットを構築した。

corporate intranet「イントラネット、企業内ネットワーク」

The number of our subscribers increased by 17 percent last year.
ウェブサイトの閲覧者が昨年は 17%伸びた。

Almost 20 percent of our sales were online.
わが社の売上の約 20%がオンライン注文によるものだ。

We need to make our website more search engine-friendly.
うちのサイトももっと検索にひっかかるようにしないと。

search engine「検索エンジン」

第 1 章　ネットの英語はここまでポピュラー&カジュアル | **49**

We sell a lot of goods through affiliate programs.
われわれは、アフィリエイトプログラムによって多くの商品を売っている。

affiliate「アフィリエイト」
ウェブサイトやメールマガジンなどが企業サイトにリンクを貼り、そこを経由して商品購入されたり、広告が表示されたりするとリンク元の主に報酬が支払われる広告手法。

A lot of our website's income comes from online advertising.
ウェブサイトの収益の多くは、オンライン広告から来る。

I work for a small internet startup.
私は小さいインターネット新設企業で働いている。

startup「創業したばかりの企業、新設企業」

I started an online business out of my house.
私は自宅でオンラインビジネスを始めた。

We want to get into e-commerce.
オンラインショップを始めたい。

e-commerce「電子商取引」

I set up a merchant account for my business.
商用アカウントを開設した。

商売用に、クレジットカードでの支払いが受け取れる特別なアカウント。

How much is the transaction charge?
処理手数料はいくらですか。

We also have a bricks and mortar business.
私どもは、通常の店舗もございます。

bricks and mortar「オンラインではない実際の店舗」「家屋」

We also take payments through PayPal.
ペイパルでの支払いも承ります。

PayPal「PayPal 社が運営するインターネット決済システム」

What kind of shopping cart software do you use?
ショッピングカート用のソフトは何を使用しているの？

We need to beef up our online security.
私たちはウェブの安全性を増強する必要がある。

Our site has secure servers for accepting credit card information.
私たちのサイトは、クレジットカード情報の認証にセキュリティ対策をとっている。

We installed a new inventory tracking system.
私たちは、革新的なトラッキング・システムを構築した。

tracking system「ユーザーの閲覧したページの履歴などを管理するシステム」

We need to establish a privacy policy.
個人情報保護方針を確立しなければならない。

1-3 英語でも忘れちゃいけないネットのマナー

ネットやメールで気をつけること。

手紙や電話などに比べて、まだまだインターネットは歴史の浅いコミュニケーションツールです。利用者が手探りしながら、気持ちよく使えるようにそれぞれ工夫しています。「ネチケット」という言葉がありますが、「ネット（インターネット）」と「エチケット」を組み合わせて作られたもの。インターネットを使用する際、特に他人とコミュニケーションをとるときに、守るべきルールのことです。

☀最初は読むだけ（Lurking）

掲示板やブログ、SNSなどにメッセージを投稿するときには、そのグループの雰囲気に慣れるために、しばらくは見るだけ（読むだけ）（ROM = read only member）にして、様子を見てから。質問をする場合は過去に同じ質問・話題がないかどうか確認しましょう。きちんと読まずに質問する人を快く思わないユーザーもいるので要注意。またコメントするときは、あなたの発言が他のメンバーを怒らせないように配慮して。悪意がなくても、途中からいきなり会話に割り込んで発言し始めたりしないように気をつけましょう。

I usually just lurk here, but I have a comment this time.
いつもは読むだけなのですが、今回はコメントを書きます。

☀冷静に（Stay calm.）

Flaming（フレーミング）とは、他人を侮辱し、怒らせること。ネット上ではほとんどの人が匿名なので、しばしば相手の感情に十分配慮せず、実名なら決して書かないようなことを書く人がいます。インターネットを使うときには、何かコメントする前に、他人の感情も考慮することが大切です。

また、自分が侮辱されても驚いたり憤慨したりしないように。もしカッとなるようなことを言われても、相手にしてはいけません。一度パソコンの前を離

れひと呼吸おいてから落ち着いたところでコメントするか、もう相手にせず他の掲示板に行くなどしましょう。

さらに攻撃し返すと、ネット上での争いの火ぶたを切ることになります。日本語で言う「荒れる」「炎上」といった状態に発展しかねません。フレーミングはネット用語の「煽り」という行為に近いニュアンスで、それだけを目的に他人を挑発する人もいるので、そんなときは前述したように何も返事をしないことです。

They got in a flame war.
彼らは、ネット上でけんかを始めた。

Stop flaming me.
私を侮辱するのはやめてください。

※すべて大文字で書かない（Don't use capital letters.）

メールもそうですが、ネット上で意見を述べるときに、すべて大文字で書くのは避けましょう。

IT LOOKS LIKE YOU'RE SHOUTING!
まるで大声で叫んでいるような印象でしょう？　また、読むほうも読みづらいものです。

※略語や省略形（Abbreviations）

言いたいことは的確かつ簡潔に表現しましょう。スクリーン上であまりに長い文章を読むことは、とてもげんなりするもの。これは、メールだけでなく、メッセージを投稿するときにも言えること。

To keep your message short, use some common abbreviations.
メッセージを短くするため、一般的な略語を使いましょう。

☀ トピックからずれない（Stay on topic.）

　メッセージを投稿するときは、話題から脱線しないように。見境なく話題と関係ないコメントをしたり、さらに悪いのは広告や宣伝を投稿する人もいます。これは「スパム」として知られていますが、時としてさらに不愉快なインターネットの風習—フレーミングを招くことになります。

　メールを送るときには、「件名（subject line）」がメッセージの内容を的確に表しているかどうか確認しましょう。もしメールのやりとりの中で話題が変わったなら、「件名」を適宜変更すること。

☀ よくある質問（FAQs）

　FAQ（Q and A 集、「よくある質問」のページ）は、何か質問する前に必ず目を通し、利用できるならば参考にすること。

☀ もう一度考える（Think twice.）

　ネット上のコミュニケーションは、その場限りのもののように思われますが、Delete key を押せばすべて消去できるというわけではありません。あなたの発信したメッセージはサーバに保存されており、そこから読み込むこともできるのです。メッセージを投稿する前には、熟考することが大切。あなたのメッセージはすべて人目に触れるものだということを前提にしましょう。

☀ ネットの安全性（Internet security and English websites）

　2003年後半から、個人情報を盗み取るフィッシング詐欺がアメリカを中心に急増しました。フィッシングとは、いかにも本物らしい組織を装い、ウェブページやメールでクレジットカード情報やユーザー名、パスワードなどを要求する詐欺行為。フィッシングという言葉は、性急にではないが何かダメージを与えることが見つからないかと探る「別件捜査」に由来します。正規の組織であれば、メールで個人情報や銀行口座を聞く、またパスワードをメールで返信するよう要求することは決してありません。取引の最初にあなたの情報を提供するとき以外、オンラインで個人情報を求めることはないはずです。

　被害にあいそうになったら、他の人のためにも、フィッシング犯がなりすました本物の組織にそのことを報告するとよいでしょう。

第 2 章

カジュアルな
Eメールのマナー
気軽で迅速なコミュニケーションツール

ビジネス、プライベート問わず、いまやメールはコミュニケーションの必須ツールです。要点を簡潔に知らせるのがメールの掟なので、難しい単語を使った堅苦しい文章は必要なし。最低限のルールとマナーをつかんだら、気後れせずに書いてみましょう。

2-1 メールを使いこなすための基本原則
英文メールで知っておくべき基礎知識をまとめました。

2-2 用件を伝えるメールの実例と表現集
用途別のメール見本や、関連表現を紹介しています。使ってみたいフレーズがあれば、どんどんメールに取り入れましょう。

2-3 気持ちを伝えるメールの実例と表現集
気心の知れた友人やあこがれのスターなどに出す、気持ちのこもったカジュアルメールの書き方を紹介。

2-1 メールを使いこなすための基本原則

1 英文メールの心得とマナー

☀ フレンドリーさを心がける

丁寧に書こうと意識するあまり、冷たい印象を与えてしまうことがあります。何度もやりとりしている相手であれば、不必要に堅苦しくならず、フレンドリーに接するようにしましょう。フレンドリーな態度とは、図々しくなるということではなく、相手を信頼している姿勢を見せるということです。

特にビジネスにおいてこの心がけは大切なので、常に意識してください。

まだ知り合ったばかり ➡ **Dear Mr. Kiedis,**
いつもやりとりしている相手 ➡ **Hi Anthony,**

☀ 大切なことは最初に書く

要点を最初に述べてから、その他の関連事項を述べるほうがより短時間で言いたいことが相手に伝わります。ついつい前置きを長めにしてしまいがちですが、言いたいことをズバリ最初に述べる習慣をつけるようにしましょう。

☀ あいまいな表現は避ける

特にビジネスメールにおいて、あいまいな表現はご法度。日時、数量、期日、希望などは、きっちり明記するように心がけましょう。「●日だとうれしいです」ではなく「●日までにお願いします」とはっきり伝えるようにしましょう。

× **I'm glad to get this by next Monday.**
　　月曜日までにもらえるとうれしいです。

○ **I need this by next Monday AM.**
　　月曜日の午前中までに必要です。

☀ 言葉選びに迷ったら、シンプルなほうを選ぶ

as a result of ... は「その結果」という意味ですが、because of ... も同じ意味

です。迷ったら、短いほうの単語を選ぶとすっきりしたメールになります。

　1つのメールは20センテンス以内を目安に作成するのが理想的。用件もできるだけ1つのメールに1件にしておくと、伝わりやすいでしょう。

「〜と仮定すると」assuming that ➡ if
「〜の場合」in case ➡ if
「近い将来」in the near future ➡ soon
「〜までに」not later than ➡ by

☀ 件名は具体的に

　件名があいさつのみ、またいつまでも「Re:　」で前のタイトルへの返信をしていると、重要な内容を送っても読み飛ばされる可能性大です。

　「依頼」「請求」「訂正」「スケジュール」「報告」「日程」など、何が目的のメールかを知らせるのが大切。さらに「新人歓迎会の詳細」「3月12日の会議の日時」など、具体的な内容を付け加えるとわかりやすくなります。

☀ 長すぎるあいさつは不要

　日本におけるメールのやりとりを、そのまま英語でやろうとするとなかなかうまくいきません。時候のあいさつや「いつも大変お世話になっております」などの定型句は、無理に訳そうとすると、かえって伝わりづらくなってしまうので、省くほうが無難。いきなり本題に入ることにどうしても抵抗を感じる方は、ごくシンプルな文を入れてはどうでしょう。

　It's getting cold, isn't it?　寒くなってきましたね。
　I hope you are doing well.　調子はどうですか？
　Thanks for the other day.　先日はありがとうございました。

☀ 2バイト文字は使わない

　漢字、ひらがな、全角カタカナ、ハングルなどは、2バイト文字。英語圏で使われるのはアルファベットと数字が基本で1バイト文字なので、英語圏の人に2バイト文字のメールを送ると、環境によっては文字化けしてしまいます。本文や件名に日本語を使わないのは当然ですが、うっかりしがちなのが、アカウント（差出人）名が漢字のままだったり、和文入力の状態で「〜＊★○＜」のような2バイトの記号を使ってしまったり、ということ。注意しましょう。

第2章　カジュアルなEメールのマナー

2 これだけは押さえておきたいライティングガイドライン

インターネットは世界中の人が利用する共通のコミュニケーションの場。特定の人にだけわかる英語では、世界は広がりにくいかもしれません。

世界基準の英語を使うように心がければ、スムーズにコミュニケーションをとることができるでしょう。

❖ 形容詞や副詞は、修飾する言葉の近くに置く

× **Our company only uses the freshest ingredients in our foods.**
悪い例：only が「わが社」にかかっているのか「新鮮な材料」にかかっているのか不明。（わが社だけ？　新鮮な材料だけ？）

○ **Our company uses only the freshest ingredients in our foods.**
よい例：わが社は料理に最も新鮮な材料だけを使っている。（only は「新鮮な材料」にかかっている）

❖ 文章をわかりやすくするためには、指示代名詞を使う代わりに、名詞を繰り返す

× **If the bolt cannot be removed from the plate, you'll have to cut it off.**
悪い例：もしボルトがプレートから取りはずせなかったら、それを切断しなければならない。（「それ」とは、ボルト？　プレート？）

○ **If the bolt cannot be removed from the plate, you'll have to cut the bolt off.**
よい例：もしボルトがプレートから取り外せなかったら、ボルトを切断しなければならない。（切断するのはボルトとはっきりわかる）

❖ 業界用語やスラングなど、一部の人にしか通じない特殊な言葉はなるべく控える

問題解決のために 3,000 ドル使った。

× **We spent 3K to find the cause.**
K は 1,000 を意味する。金融業界などで使われる。

○ **We spent 3,000 USD to find the cause.**

ひとつのテーマにはひとつの言葉を。用語は同じものを最後まで使う

まずはファイルメニューをクリック。次に「詳細設定」をクリックしてください。

× **First, click on the 'File' menu. Then click the 'Advanced' tab.**
click on と click を使っている。

○ **First, click the 'File' menu. Then click the 'Advanced' tab.**
両文とも同じ click を使っている。

誤解を防ぐために、言葉は文字どおりの意味で使う

この夏何が流行っているか話をするんだ。

× **We're going to talk about what's hot this summer.**
summer からの連想で、hot は文字どおり「暑い」という意味に誤解される。

○ **We're going to talk about what's popular this summer.**

3 日本人が間違いやすい文法事項

☀ なるべく能動態で

日本語だと「今日は先生に怒られてしまった」「今日は友達に数学を教わった」のように受動態（受け身）の発想が多くなりがちですが、英語では能動態を使うほうが、自分の言いたいことがはっきり伝わります。

受動態：I was called by my boss in the morning.
　　今朝ボスに呼ばれた。

能動態：My boss called me in the morning.
　　ボスが今朝私を呼んだ。

☀ 時制に注意

時制の中でも日本人が特に迷うのが、過去形と現在完了形の使い分けです。
過去形→過去に起きた出来事

I lived in Ohio for 2 years.
　　オハイオに2年間住んでいた。（過去の出来事なので今は住んでいない）

現在完了→現在から見た過去の出来事（現在も続いている）

I have lived in Ohio for 2 years.
　　オハイオに2年間住んでいます。（2年前から今もオハイオに住んでいる）

☀ 動名詞と不定詞の違いに注意

forget/try/remember などの後に －ing が来ると「実際にしたこと」を表すので、forget －ing で「〜したことを忘れてしまう」という意味になります。

I forgot calling her.
　　彼女に電話したことを忘れてしまった。

一方 to が来ると「これからの動作」を表すので、forget to ... で「〜することを忘れる」、つまり「〜し忘れる」という意味になります。「〜に電話し忘れた」と言いたいときは、後者の forget to ... を使います。

I forgot to call her.
　　彼女に電話するのを忘れてしまった。

☀ 冠詞の使い分け

"a/an" を使うか、"the" を使うかは、ネイティブでさえ迷うことがあります。例外はありますが、基本的に以下のルールを手がかりにすると、かなりわかりやすくなります。

▶ the は長文を避けるための冠詞

the はその後に続く名詞の説明を省略したもの。「例の」「その」というニュアンスと考えてみましょう。世界で唯一のものに対しても the をつけますが、それは「皆さんがご存じの」という説明が隠れているのです。

The server (that our company uses to send email) was down, so I couldn't reply to you.
　　（会社でメールを使うための）サーバがダウンしたので、返信できませんでした。

I bought a sweater and a jacket, but I returned the jacket.
　　セーターとジャケットを買いましたが、（その）ジャケットは返品しました。

▶ a/an は何でもいいので「ひとつ」ということ

a/an は one「ひとつの」と同じ意味なので、the のように「特定の何か」をさすわけではありません。

I want to buy the pink dress.
　　（あの）ピンクのワンピースを買いたいな。

I want to buy a pink dress.
　　（何でもいいから）ピンクのワンピースが欲しいな。

☀ 迷いやすい前置詞

　in も at も場所を表すために用いる前置詞ですが、ニュアンスの違いに気をつけましょう。at は、狭い場所や建物などを「ピンポイント」で示すときに使う前置詞です。ここでは、「会場」としての場所を示しているので、at を使うのが自然です。in は広い場所や地名もしくは部屋などを示すときに使います。

　× **We're going to have a party in school.**
　○ **We're going to have a party at school.**
　　　私たちは学校でパーティーを開こうとしています。

☀ ピリオド（.）の使い方

　ピリオド、カンマ、コロンなどの後は、すべて1スペース（半角）空けます。

①文の終わり

　日本語の「。」と同じく文の終わりを表すときに使います。

He still lives in New York.
　　　彼はまだニューヨークに住んでいます。

②省略

　単語を省略するとき、その単語の後にピリオドを打ちます。

Mister ➡ Mr.
October ➡ Oct.
Scott Allen Thompson ➡ S. A. Thompson（名前）

③数字表記

$20.00　20ドル
12345.678（小数点）

☀ カンマ（,）の使い方

①3つ以上のものを列挙するとき

　3つ以上の事柄を並べるとき、語句の後にカンマを置きます。

Tokyo, Osaka, and Kyoto.　東京、大阪、京都

② but/and の前に

　独立した文をつなぐ接続詞を用いるとき、通常カンマを置く（短文では省略可）。

I went to the party, but no one was there.
　　　パーティーに行ったが、誰もいなかった。

③前置きに

主文の前に前置きとして句を置くとき、カンマを用います。

After the soccer game, we all went to a bar.
　サッカーの試合を見終わった後、みんなでバーへ出かけた。

④ so 〜 that ... の that の代わりに

以下のような so 〜 that ... 構文では、that の代わりにカンマを使用することができます。

I felt so bad, I couldn't eat anything.
　具合が悪くて、何も食べられなかった。

⑤形容詞の並列

形容詞を重ねて名詞を修飾するとき、カンマで区切る。

I live in a small, white house.
　私は小さい、白い家に住んでいます。

⑥引用するとき

引用文を導入するときは、カンマを用います（長文引用はセミコロン）。

Einstein said, "I never think of the future. It comes soon enough".
　アインシュタインは言った。「私は未来のことは考えない。どうせすぐにやってくるのだから」と。

※短文や、一部のみの引用であればカンマは省略可。

⑦住所の区切り

住所は、日本と反対で番地からカンマで区切りながら表記します。

ABC Bldg. #201, 4-1-3 Negishi, Taito-ku, Tokyo 110-0003
　〒110-0003　東京都台東区根岸 4-1-3　ABC ビルディング 201 号

⑧数字のケタ

4 ケタ以上の数字は、日本と同じく 3 ケタごとに区切る。

1,234,567 yen　123 万 4,567 円

⑨肩書きや年齢と名前

職業などの肩書きや年齢を名前に続ける場合はカンマを置く。

Brian Watson, President of A to Z, will attend the next conference.
　A to Z 社長のブライアン・ワトソンが次の会議に参加するだろう。

David Thayne, 43, will publish a new book.
　デイビッド・セイン（43 歳）は新しい本を出す。

⑩ メール・手紙のあて名および結語

あて名や、「敬具」に当たる結語の後にはカンマをつけます。

Dear Mr. Suzuki,

Yours truly,

Thanks,

⑪ 呼びかけ

本文の中などでの呼びかけの後にカンマを用います。

Hi Cathy,

☀ セミコロン（;）の使い方

① 同等の関係にある文をつなぐ

接続詞の代わりに等位の独立した文をつなぐときに、セミコロンを使います。

Mike was thinking about changing jobs; he made the right choice.

　　　マイクは転職しようと考えていた。彼の選択は正しかった。

② 接続副詞とともに使う

however, moreover, besides などの接続副詞で独立した文をつなぐとき、セミコロンを使ってもよい。

Boot Camp is a good way to burn fat; on top of that, it toughens you up mentally. I really recommend it!

　　　ブートキャンプは脂肪燃焼のほかに、精神も鍛えられます。お勧めよ！

③ 語句を列挙するとき

文中で語句を並べるときは本来カンマを使いますが、その中に日付や年齢などを区切るためにカンマが使用されている場合は、区別をするためにセミコロンを用います。

There are three people that I think should be at the meeting. We need Steve, who works in the marketing department; Allen, our IT expert; and Suzanne, the manager of the HR section.

　　　ミーティングには以下の3名の出席が必要かと思います。商品部のスティーブ、IT技術者のアレン、そしてHR部長のスザンヌ。

☀ コロン（:）の使い方

①詳細を説明するとき
前に述べたことを、さらに掘り下げて話すときにコロンを用います。

We're not interested in that plan: It's risky.
われわれはあの計画には関心がない。リスクが高いからだ。

②詳しく列挙するとき
We made two new friends in our class: Ellen Caper and Amanda Morris.
私たちのクラスに新たに2人の仲間を迎えます。エレン・ケイパーとアマンダ・モリスです。

③何かを定義、説明するとき
Nezu: a traditional Tokyo neighborhood　根津、東京の下町

FYI: for your information　FYI:ご参考までにお知らせします

④長文の引用文を導入するとき
長文の引用文の場合はコロンを用いたほうがいいでしょう。

⑤メール・手紙のあて名
カンマの代わりにコロンを用いると、よりフォーマルになります。

☀ 形容詞の順番

名詞を2つ以上の形容詞で修飾しようとするとき、順番を迷うことがあるかもしれません。基本的なルールは以下のとおりです。

①冠詞・所有格
　②数量
　　③性質
　　　④サイズ
　　　　⑤性質＜新古＞
　　　　　⑥形状
　　　　　　⑦色
　　　　　　　⑧素材
　　　　　　　　⑨固有名詞
　　　　　　　　　→名詞

I bought a beautiful, little, new, round, French, leather bag yesterday!
昨日、きれいな小さくて新しい丸型のフランス製革バッグを買っちゃった！

4 メールの基本フォーマット

① **Subject: Summer holiday plans**

② Hi Jamie,

③ Long time, no see! How's everything in New York? I hope you're enjoying school. Are you still studying Japanese?

It's really hot here in Tokyo. Summer vacation is coming soon, and I'm planning to go to America next month. I'll be in New York for a couple of days. Will you be free in the first week of August? If you are, let's get together!

I'm looking forward to hearing from you soon.

④ Take care,

⑤ Tomohiro

①件名

メールの内容がわかるよう簡潔かつ具体的に。

夏休みの予定

②あて名とあいさつ

ネイティブは気軽に Hi に相手の名前を続けます。

こんにちは、ジェイミー。

③本文

書き出しは、だらだら前置きせずに簡潔に。自分の近況などから書き出し始めるといいでしょう。

久しぶり！　ニューヨークはどうだい？　学校が楽しいといいけど。まだ日本語を勉強しているの？

東京はとっても暑いよ。もうすぐ夏休みで、来月にはアメリカへ行く計画を立てているんだ。2、3日はニューヨークに滞在するつもりだ。8月の第1週は、時間があるかな。もし時間があるなら、ぜひ会おう！

返事を楽しみに待ってるよ。

④結語

日本語の「敬具」などに当たる結びのあいさつ。フォーマルなものとカジュアルなものを知っておきましょう。最後はピリオドではなくカンマを使います。

じゃあね。

⑤署名

誰が書いたのかを知らせるサインです。日本語の「〜より」に当たります。

トモヒロ

5 件名 (Subject Line)

　メールの件名は短く明確であることが大切です。件名をすっきりさせないと、相手にメールを削除されてしまったり、または返事をくれない場合があります。件名は新聞のヘッドラインのようなもので、読み手にメッセージを簡潔に伝える役割があります。件名がない場合は、メッセージに気づくのも難しいですし、迷惑メールだと思われる可能性大。同僚や友人にデータを送るときでも必ず件名は入れましょう。

☀件名を書くための基本ルール
①50文字以下にする（5ワード以下がベスト）。
②本文にテキストがない場合は、件名の最後にNT（テキストなし）と書く。
③最初の1行を件名にしない。スパムフィルターやウィルスチェッカーには"Hey!"や"Hi there."のような件名のメールをはじくものもある。
④Problem（問題）、Question（質問）のような曖昧な言葉のみを件名にしない。問題などを簡単に説明する。
　　Problem logging on to server　　サーバのログインに関する問題
　　Question about the meeting time　　打合せ時間についての質問
⑤日本人はよく「松本です」のように、件名に自分の名前を使いますが、イングリッシュ・スピーカーは件名に自分の名前を入れることはない。
⑥ビジネスでは、すぐ読んでもらえるように、プロジェクト、イベント、会社を件名に入れることがあります。
⑦ビジネスでは、件名で必要用件を伝えることがあります。
　　REPLY REQD: Meeting with Bob Jones
　　　　要返答：ボブ・ジョーンズとの打合せ

　　ACTION REQD: Please forward this to Ms. Sanchez
　　　　以下お願いします：このメールをサンチェスさんに転送願います

☀件名の改善例
　　✗　**This is Mariko.**　　マリコです。
　　⬇　名前は明らかに「From」の分野です。
　　○　**It was nice meeting you on Friday.**　　金曜日にお会いできてよかったです。

- ✗ **Urgent!** 緊急！
- ⬇ 何が緊急であるかという情報を入れましょう。
- ○ **Urgent! Need to reschedule tomorrow's meeting**
  緊急！明日の打合せを再スケジュールする必要あり

- ✗ **Question** 質問
- ⬇ 何についての質問かを書きましょう。
- ○ **Question about next week's party**　来週のパーティーについての質問

- ✗ **FYI（For Your Information）**　ご参考までに
- ⬇ どんな種類の情報か書きましょう。
- ○ **FYI – Mark's travel schedule**　ご参考までに－マークの旅行日程について

- ✗ **Various things**　もろもろ
- ⬇ 曖昧すぎるので、もう少し具体的に書きましょう。
- ○ **Jan. monthly closing, Richard's promotion, etc.**
  １月月次決算、リチャードの昇進など

- ✗ **Presentation data**　プレゼンテーションのデータ
- ⬇ 後で探しやすいように、プレゼンテーション名、日付などを入れましょう。
- ○ **ABC Inc. presentation data**　ABC 社のプレゼンテーション・データ

- ✗ **Your order**　ご注文
- ⬇ これでは情報が不十分です。
- ○ **Your order from Travel Books, Inc.**　トラベルブックス社での注文

- ✗ **Photos**　写真
- ⬇ 後で探すときに時間がかかってしまいます。
- ○ **Photos of Shauna's birthday party**　ショーナの誕生日パーティーの写真

6 あて名とあいさつ（Address and Greeting）

Mr. ➡ 男性に対する敬称
Ms. ➡ 女性に対する敬称（未婚、既婚を問わない）
Dr. ➡ 医師、博士号取得者に対する敬称

　名前や肩書の後にはカンマまたはコロンを付ける。
　コロンのほうがフォーマル度が高く、ビジネスレターでは通常コロンを用いる（アメリカの場合。イギリス式ではカンマを用いるのが一般的）。

Attn: Ricardo Sanchez　　リチャード・サンチェス様気付（あて）
`Formal`　　Attn は Attention の略。
　　　　　　直接メールを受け取らないと予測できる相手に対して使います。
Mr. Sanchez:　　サンチェス様
`Formal`　　親しい関係ではない顧客などに対して使います。
Dear Mr. Sanchez,　　親愛なるサンチェス様
`Formal`　　親しい関係ではない顧客などに対して使います。
Ricardo,　　リカルド
`Casual`　　すでに会ったことがある人、あなたをファーストネームで呼ぶ人に対して使います。
Hi Ricardo,　　こんにちは、リカルド
`Casual`　　すでに会ったことがある人、あなたをファーストネームで呼ぶ人に対して使います。
Attn: Project manager　　プロジェクトマネージャー気付（あて）
`Formal`　　あなたが書いている相手の名前を知らないときに使います。
　　　　　　メールを送る前、正しい名前を調べる努力は惜しまずに。
Dear Personnel Director: ／ Dear Manager:　　人事部長殿／マネージャー殿
`Formal`　　あなたが書いている相手の名前を知らないときに使います。
To whom it may concern:　　ご担当者様（関係各位）
`Formal`　　肩書すらわからない人へあてたメールで使います。
　　　　　　通常は少なくとも、相手の肩書は書くべきです。
Dear Sir or Madam: という表現もありますが、やや古めかしい言い方です。

7 書き出し（Opening）

呼びかけのあとはすぐに用件に入ってもいいのですが、切り出しフレーズを使うと本題に入りやすいかもしれません。

英語では使いませんが、どうしても日本のお決まり文句を言いたい場合は、以下のようなフレーズがあります。

We always appreciate your business.
いつもお世話になっております。

Thank you for your continued patronage.
引き続きのご愛顧ありがとうございます。

● 基本フレーズ

Sorry to bother you at such a busy time.
突然のメール失礼いたします。

I am sorry for not replying sooner.
お返事が遅くなってしまい申し訳ありません。

I am sorry for not writing before.
ずいぶんご無沙汰してごめんなさい。

It's been quite a while, hasn't it?
ずいぶんお久しぶりですね。

I was delighted to receive your email.
メールをいただきまして大変光栄です。

Thank you for your email.
ご連絡いただきましてありがとうございます。

Thank you for your reply.
お返事をいただきありがとうございます。

Sorry for the short notice.
急な話で申し訳ありません。

I'd like to inform you of two things.
お知らせが2点ございます。

☀応用フレーズ

My name is Masaru Ito. We met at the Tokyo Design Conference last week.
先週東京デザイン会議でお会いいたしました、イトウ　マサルです。

It was nice to meet with you the other day.
先日はお目にかかれて大変感謝しております。

Thank you for the speedy reply.
早速のご返事をいただきありがとうございます。

Greetings from New York!
ニューヨークからこんにちは！

I visited your website and would like some information about product No. XT435.
貴社のウェブサイトを拝見いたしました。貴社商品 No. XT435 について知りたいと思います。

I read about your company in the June 2 edition of Time magazine.
６月２日付の「Time」で貴社について知りました。

I saw your ad in the newspaper.
貴社の新聞広告を拝見いたしました。

I am writing to introduce myself, as I am new in the company.
私は新入社員ですので、自己紹介を兼ねてメールを差し上げております。

I am writing to inform you of my new email address.
私の新しいメールアドレスをお知らせいたします。

I am writing about our meeting this Tuesday.
今週火曜日のミーティングについてメールを差し上げております。

Thank you for your kind response to my email.
ご丁寧なお返事をいただき、ありがとうございます。

It was nice to hear from you.
お便りをいただき、ありがとうございます。

Many thanks for your email.
メールをお送りいただき、ありがとうございます。

I tried to send an email to you yesterday, but I am afraid I sent it to the wrong address.
昨日メールを送りましたが、間違ったアドレスに送信してしまったようです。

If you could take a few minutes to answer our questions, we would very much appreciate it.
　　私どもの質問に少しお時間を取ってお答えいただければ幸いです。

Thank you for your interest in our products.
　　弊社の製品に関心を持っていただき、ありがとうございます。

Please excuse me if my English is hard to understand, or my manner seems rude.
　　私の英語がわかりにくい場合や態度がぶしつけな場合がありましたら、お許しください。

Thank you for taking the time out of your busy schedule yesterday to meet with me.
　　昨日はお忙しい中、お時間を取っていただき、ありがとうございます。

I have a few things I'd like to ask about.
　　少しお尋ねしたいことがございます。

Sorry for not getting back to you sooner.
　　お返事が遅くなり申し訳ありません。

I am writing on behalf of Professor Keiko Fujisawa of Tokyo University.
　　東京大学フジサワ　ケイコ教授の代理で書いております。

I am writing to apply for the graphic designer job posted on your website on June 15, 2008.
　　2008年6月15日付の貴社のウェブサイトに記載されておりました、グラフィックデザイナー職に応募したいと思っております。

I am writing to apply for the assistant-chef job that you advertised in the May 17 edition of Job Finder magazine.
　　5月17日版「ジョブファインダー」誌で貴社が募集しておりましたアシスタント・シェフ職に応募したいと思っております。

Thank you for the opportunity to interview with you.
　　面接の機会を与えていただき、ありがとうございます。

I hope you are enjoying the lovely fall weather.
　　気持ちのよい秋を満喫されていることを望んでおります。

How is the weather there in Canada?
　　カナダのお天気はいかがですか。

8 本文と締めくくり（Body）

　手紙では、本文の各パラグラフの行の頭を5字前後下げる（インデント）スタイルもありますが、メールでは一般的に下げません。その代わり、パラグラフごとに1行ずつ空けて読みやすくしたりします。締めくくりの言葉を使って、メールをスマートに終わらせましょう。

　ほとんどの場合は上記のスタイルですが、字下げ、改行のルールは企業によって違います。自分が企業に所属した場合は、会社のルールに従いましょう。

☀ 基本フレーズ

I look forward to your reply.
　　　ご連絡お待ちしております。

I hope to have the pleasure of meeting with you soon.
　　　近いうちにお目にかかりたいと存じます。

Again, I hope you will accept my sincerest apologies.
　　　改めまして、心からお詫びを申し上げます。

We would be very grateful for your continued support in the future.
　　　今後も末永くご支援を賜りますようお願い申し上げます。

I am looking forward to your reply.
　　　ご連絡お待ちしております。

Sorry for causing you trouble.
　　　お手数をおかけし、申し訳ありません。

Sorry I could not be of help in this matter.
　　　お役に立てなくて申し訳ありません。

It is always a pleasure to work with you.
　　　御社とお仕事をさせていただくことは、私どもの喜びとするところです。

Please respond by email.
　　　メールにてご返答ください。

I look forward to receiving your reply at your earliest convenience.
　　　ご都合がつき次第お返事いただけますことを心待ちにしております。

Email me or call me collect, please.
　　　メールかコレクトコールにてご連絡ください。

Thank you in advance for your help.
　どうぞよろしくお願い申し上げます

Please feel free to contact us if you have any questions.
　ご質問のある場合は、遠慮なくご連絡ください。

Let me know if there is anything I can do to help.
　もしお手伝いできることがありましたら、何なりとお知らせください。

☀ 応用フレーズ

We are looking forward to receiving your reply in the very near future.
　近いうちにお返事いただければ、幸いに存じます。

Again, thank you for meeting with us. We look forward to talking with you again in the future.
　お会いできて光栄です。近いうちに再びお会いできることを心待ちにしております。

If you have any other questions, please do not hesitate to contact us.
　他に何かご質問がありましたら、遠慮なくご連絡ください。

We ask for your patience and your understanding in this matter.
　この件につきましては、ご寛容とご理解を賜りますようお願い申し上げます。

I hope we can get past these negotiations quickly and start building a successful business together.
　この交渉には早く決着をつけ、相互のビジネスを成功させる基盤を作ることを切望しています。

Sorry for putting you to this trouble, and thanks very much for your help.
　お忙しいところ申し訳ございませんが、どうぞよろしくお願いします。

Sorry to bother you again, but please give this your consideration.
　再びお手数をおかけいたしますが、よろしくお願いいたします。

Should you find any aspect of our proposal unacceptable, please do not hesitate to contact us.
　当方の提案のうち、万一ご同意いただけない点がございましたら、遠慮なくその旨お知らせいただけますようお願い申し上げます。

9 結語 (Closing)

結語の後には通常カンマを付けます。

そのほか特に決められたルールや意味はないので、自分のお気に入りをひとつ決めておくといいでしょう。

また、結語の前に、

Have a nice ...
メールを送るのが
朝なら➡ **day**
夕方ぐらいなら➡ **evening**
週初めなら➡ **week**
週末なら➡ **weekend**
などと入れるネイティブも多いです。

丁寧	やや丁寧	カジュアル
Yours sincerely,	Best wishes,	See you soon!
Yours faithfully,	All the best,	Talk to you later,
Yours truly,	Thank you again,	Later,
Sincerely,	Yours,	Bye now,
Best regards,	Many thanks,	Bye,
	Regards,	As ever,
	Take care,	Love,

10 署名(Signature)

本文の最後に添える自分の名前です。

名前とメールアドレスのみのシンプルな人もいれば、日本式に社名、部署、電話・FAX番号などを書く人もいます。住所や会社のURLを入れる場合もあります。

Yoko Yamada
ABC Publishing, Inc.
Tel:03-5432-1111
Fax:03-5432-2222
E-mail:yama@abcpub.co.jp

▶「会社」の表現
Co.(,) Ltd.

company, limited の略。limited は「有限」という意味で、責任が有限であることを示すために用います。よく Co. の後にカンマを使う日本の企業がありますが、欧米ではあまり使われません。

Corporation (= Corp.)

corporation は、英語で「法人」という意味です。
登記が済み、法人であることを示します。

Incorporated (= Inc.)

「登記済み」という意味。
ちょうど登記を終えたというニュアンスなので、よく新興企業が使用します。

住所表示に使われる略号 ➡ P.145

11 添付書類 (Attachments)

添付書類は attachments と言います。ひと言添えておくと添付があることが明確になり、見落としなどを防ぐことができます。

☀ 基本フレーズ

Please refer to the attachments.
添付書類をご覧ください。

Attached is the draft.
ドラフトを添付します。

I have attached the presentation.
プレゼンテーション（のデータ）を添付しておきました。

I'm attaching two files.
ファイルを2つ添付します。

☀ 応用フレーズ

I have also attached the contract.
契約書も添付しておきました。

Could you please give me an estimate on the cost of the attached order?
添付した注文の価格見積書をいただけますでしょうか。

Can you send me a copy by email?
できれば、書類はメールでお送りいただけると幸いです。

This is a large file, so could you confirm that you received it?
大きなファイルです。受け取りましたら、お知らせいただけますでしょうか。

These files use a special video codec.
このファイルは特別なビデオ（映像）コーデックを使っています。

I am sending you a proposal with this email.
提案書をお送りします。

I am sending a copy of my letter to you.
つきましては、私の手紙を1部添付いたします。

I have attached a Microsoft Excel file.
Microsoft Excel のファイルを添付しました。

Please send me the attachment as a compressed file.
　　圧縮ファイルを添付で送ってください。

It is important that you attach your photo to the application form.
　　写真を応募用紙に添付していただくことが大切です。

I am attaching instructions on how to use our FTP site.
　　私どものFTPサイトの使い方を添付します。

I don't have the software necessary to open the attachment, so I cannot open the file. Please resend it in another format.
　　添付ファイルに適合したソフトウェアを持っていませんので、ファイルを開くことができません。別のファイル形式で再送してください。

I am attaching a map to our office.
　　当社への地図を添付します。

2-2 用件を伝えるメールの実例と表現集

[1] カジュアルなビジネスメール

1 問合せとその返事 (Inquiries and Replies)

●製品に関する問合せ

Subject: Furniture supplier sought

To whom it may concern:

I am writing from Tokyo Jutaku to inquire about your product line-up. We are interested in finding a furniture supplier for our showrooms.

We would appreciate it if you could send us detailed information about your products and prices. We have more than eight branches throughout the greater Tokyo area and are looking for a supplier of high volumes of furniture in a timely manner.

Sincerely,
Kazuhiro Yoshida
Sales Manager
****

Tokyo Jutaku
3-2-1 Yotsuya, Maruta Bldg. #203
Shinjuku-ku, Tokyo
160-0004
Tel. 81 (03) 5643-2222
Fax. 81 (03) 5643-1111
email: kyoshida@tokyojutaku.jp

件名：家具納入業者を深しています

ご担当者様

東京住宅から、貴社の製品一覧についてお尋ねいたします。弊社では現在、ショールームへの家具納入業者を探しております。

もし、貴社の製品、価格の詳細情報をお送りいただけましたら、幸いでございます。弊社では東京地区に支店を8か所持っており、大量の家具を迅速に供給できる納入業者を探しているところです。

敬具

ヨシダ　カズヒロ

販売部長

東京住宅

〒164-0004

東京都新宿区四谷 3-2-1

マルタビル 203 号

電話：81 (03) 5643-2222

Fax：81 (03) 5643-1111

email：kyoshida@tokyojutaku.jp

☀ 問合せ先からの返事

Dear Mr. Yoshida:

Thank you for your email inquiring about our furniture. We are one of America's largest furniture makers and there should be no problem with large orders and urgent shipments.

Attached is the product and price list. The filename is productlist.pdf. We offer a special dealer's discount of 30 to 50 percent depending on the size of the order.

If you need further information, please do not hesitate to contact me. Thank you for your inquiry, and I look forward to hearing from you.

Best regards,
Thomas Allen
Sales Manager
****
Unpainted Arizona
#1203 Boler Road
Tempee, Arizona
65422
Tel. 1 (612) 3456-7788
Fax. 1 (612) 3456-7789
email: tomallen@unpaintedarizona.com

ヨシダ様

このたびは弊社の家具についてお問合せいただきまして、誠にありがとうございます。弊社はアメリカ最大の家具製造会社のひとつに数えられております。したがいまして、大量注文、迅速な出荷につきましては何の問題もございません。

製品と価格一覧表を添付いたします。ファイル名は productlist.pdf です。注文量に応じまして、30 パーセントから 50 パーセントまでの業者様特別割引をご提供させていただいております。

さらに詳細が必要でしたら、どうぞご連絡ください。お問合せいただきありがとうございます。ご連絡をお待ちしております。

敬具
トーマス・アレン
販売部長

アンペインテッド・アリゾナ
アリゾナ州テンピー
ボーラーロード 1203
65422
電話　1 (612) 3456-7788
Fax　1 (612) 3456-7789
email: tomallen@unpaintedarizona.com

☀ 使えるフレーズ

I am writing to inquire about computer prices.
コンピュータ価格についてお尋ねいたします。

Could you send me a brochure?
カタログをお送りいただけますでしょうか。

Our mailing address is:
弊社の住所は…です。

Is shipping included?
輸送料も含まれていますか。

How soon would you be able to deliver the items?
製品はどれくらいで届けていただけますでしょうか？

Do you ship overseas?
海外にも配送できますか。

Thank you for your inquiry.
お問合せいただきありがとうございました。

Please let me know if you have any other questions.
何かご質問がございましたら、ぜひご連絡ください。

I forwarded your email to Suzanne Armstrong in the technical department.
いただいたメールは、技術部門のスザンヌ・アームストロングに転送しました。

We will get back to you shortly.
すぐに折り返します。

2 依頼とその返事 (Requests and Replies)

☀ オフィス備品買換えの依頼

Subject: Copy machine

Dear Mr. Harrison,

As you may have noticed, the copy machine in our department is getting very old. We had to call in a technician three times last month to repair it, and it caused a serious delay when we were trying to get the weekly orders ready to send to our suppliers.

There are some new models on the market that are reasonably priced, so now seems like a good time to buy one. Could you let me know if you are able to approve the purchase of a new one?

Kazuyuki Ono

件名：コピー機

ハリソン様

もうお気づきと思いますが、私どもの部（売場）のコピー機がだいぶ古くなってきております。修理のために先月３回技術者に頼みましたが、納入業者への毎週の注文送付に深刻な遅延を生じさせております。

現在、市場には手頃な価格の新しい機種が出回っており、そろそろ新しい機械を買う時期のような気がいたします。新しいコピー機の購入を承認していただけるなら、その旨お知らせくださいますようよろしくお願い申し上げます。

オノ　カズユキ

☀ 庶務部からの返事

> Kazuyuki,
>
> Thank you very much for letting me know about the situation with the photocopier.
>
> I agree that it would be nice to have a new one and will check with the accounting department about whether it is feasible to purchase a new one soon.
>
> I'll try to get back to you on this by next week.
>
> Ron Harrison

カズユキ様
コピー機の現状をお知らせいただき、ありがとうございました。
新しいコピー機を買うことには賛成ですので、近いうちに購入が可能かどうか経理部に問い合わせてみます。
この件については、来週までに折り返します。
ロン・ハリソン

☀ 使えるフレーズ

Would it be possible to repaint the office next month?
　　来月事務所を塗り替えることは可能ですか？

I'd really appreciate it if you could help me with this matter.
　　この件に関してお力を貸していただけると誠に幸いです。

I have taken your request under consideration.
　　あなたのご要望については検討中です。

That will be fine.
　　それはよかったです。

Unfortunately, we cannot purchase any new desks at this time.
　　あいにく現在のところ新しく机を買うことはできません。

3 提案とその返事 (Proposals and Replies)

● 業務提携の提案

Subject: Possible tie-up

To whom it may concern:

I am writing from J-travel.jp to enquire about the possibility of a tie-up with your site, supercheaphotels.com. We are a leading website for domestic hotel bookings, and are looking for an overseas partner to help us to expand into international bookings.

We are interested in localizing your site into Japanese and feel that supercheaphotels.com would provide ease of use, reasonable prices, and strong security to our customers.

Please find attached a company profile with detailed information on our company history, site-traffic, etc. If you are interested in discussing a tie-up with J-travel, please send us a company profile and detailed information about your site traffic. We look forward to your reply.

Sincerely,
T. Sato
Vice-president
****
J-travel
1-1-1 Horikiri, Horikiri Bldg. #308
Katsushika-ku, Tokyo
117-0031
Tel. 81 (03) 3657-7777
Fax. 81 (03) 3657-8888
email: sato.tomohiro@j-travel.jp

件名：提携の可能性

関係各位

J-travel.jp です。御社の supercheaphotels.com と提携させていただけるかどうかぜひお尋ねしたく、メールをさせていただきました。弊社は、国内ホテル予約では有数のウェブサイトで、海外マーケットに進出するためのパートナーを探しております。

弊社は御社のサイトを日本語化することに関心を持っており、supercheaphotels.com が、日本人顧客に使いやすさ、手頃な価格、そして確固たる安心を提供できると感じております。

社史、サイトのアクセス数など詳細な情報を含む、弊社の会社概要を添付しております。J-travel と提携について話し合ってもよいとお考えのときは、御社の会社概要、サイトアクセス数についての詳細な情報をお送りいただけますよう、よろしくお願い申し上げます。お返事を楽しみにしております。

敬具

T・サトウ

副社長

J-travel

〒117-0031

東京都葛飾区堀切 1-1-1

ホリキリビル 308

電話：81 (03) 3657-7777

Fax：81 (03) 3657-8888

email: sato.tomohiro@j-travel.jp

☀ 提案先からの返事

Mr. Sato:

Thank you very much for your interest in establishing a tie-up with Super Cheap Hotels. We are very interested in entering the Japanese market, and after reviewing your site's traffic, we feel that J-travel will make an excellent partner.

I am attaching similar data for our site, as well as details about the licensing fees and profit-sharing systems for our overseas partners.

Yours truly,
Kenneth Brockman
****
Super Cheap Hotels
67 Main Street
Maple, Illinois
Tel. 1 (677) 334-2121
Fax. 1 (677) 334-2122
email: ken@supercheaphotels.com

サトウ様

スーパー・チープ・ホテルズとの提携にご関心を持っていただきまして、誠にありがとうございます。弊社も日本市場への参入に大変興味があります。御社のアクセス数を拝見した結果、J-travel は弊社の最高のパートナーになっていただけると感じております。

弊社サイト、海外パートナーのライセンス料、利益配当システムのデータを添付させていただきます。

敬具

ケネス・ブロックマン

スーパー・チープ・ホテルズ

イリノイ州メイプル

メインストリート 67

電話：1 (677) 334-2121

Fax: 1 (677) 334-2122

email: ken@supercheaphotels.com

🔆 使えるフレーズ

We are a mid-size manufacturer of car parts located in the city of Kobe, Japan.
　　弊社は、日本の神戸市にある自動車部品の中堅製造会社です。

We are interested in developing a business relationship with Melbourne Kitchen Systems.
　　弊社は、メルボルン・キッチン・システムズと取引関係を深めたいと考えております。

We would like to import your hard drives to be sold in the Japanese market.
　　弊社は、御社のハードドライブを日本市場での販売のため輸入したいと思っております。

We feel that this would be a mutually beneficial relationship.
　　私たちは、これがお互いにとって利益のある関係になると感じております。

Could you please let us know how much the licensing fees are?
　　ライセンス料がいくらになるかお知らせいただけますでしょうか。

We are currently searching for an overseas partner for our on-demand publishing business.
　　弊社は現在、オンデマンド出版ビジネスの海外パートナーを探しております。

4 勧誘とその返事 (Invitations and Replies)

☀ 送別会の誘い

Subject: Tanaka-san's farewell party

Todd,

We'll be holding a farewell party for Tanaka-san this Friday at a restaurant in Susukino. It will start at 7:30 and last for 2 hours. We are going to order a set course for 4,000 yen per person. It's all-you-can-drink!

If you'd like to come, please let me know.

Ryota

件名：タナカさんの送別会

トッドへ

今週金曜日、ススキノのレストランでタナカさんの送別会をします。7時30分スタートで2時間ほどです。コース料理を注文します。1人当たり4,000円で、飲み放題です。

参加される場合は、お知らせください。

リョウタ

☀ 同僚からの返事

> Ryota,
>
> Thank you very much for inviting me. Tanaka-san has been very kind to me so I would love to come to the party.
>
> I was wondering what kind of gift I should bring to the party. Also, could you send me the restaurant address and map?
>
> Thanks!
>
> Todd

リョウタへ
声をかけてくれてありがとうございます。タナカさんは私にとても親切にしてくれたので、ぜひ伺いたいと思います。
パーティーには何をプレゼントに持っていけばよいのでしょうか。レストランの住所と地図も送ってくれますか？
よろしく！
トッド

☀ 使えるフレーズ

Would you like to join us for dinner tonight?
　　　今晩食事をご一緒しませんか？

Are you going to be free on Wednesday evening?
　　　水曜の夜は時間ありますか？

Please let me know if you can come.
　　　来れるなら連絡ください。

I'd be delighted to come.
　　　喜んで行かせていただきます。

I'm afraid I already have plans then.
　　　あいにく別の用事があります。

5 お礼とその返事 (Thanks and Replies)

◉面接のお礼

Subject: Thank you for the interview

Dear Mr. Jones:

Thank you for taking the time to discuss the translator position at Bilingual Inc. with me. After meeting with you, I am further convinced that my background and skills coincide well with your needs.

I look forward to hearing from you concerning your hiring decision. Again, thank you for your time and consideration.

Sincerely,
Reina Sakamoto

件名：面接のお礼

ジョーンズ様

バイリンガル社の翻訳者職について、私と話し合いのお時間を取っていただき、ありがとうございました。お話をさせていただき、私の経歴とスキルが御社のニーズと一致していることをますます確信いたしました。

雇用決定のご通知を楽しみにしております。改めまして、どうぞよろしくお願い申し上げます。

敬具

サカモト　レイナ

☀ 面接相手からの返事

> Dear Ms. Sakamoto:
>
> Bilingual Inc. is pleased to offer you the position of translation coordinator.
>
> As we discussed during your interviews, you will be working in our Boston office and your starting date will be June 10.
>
> Please call me at 1-212-473-3793 to accept the position, and we will further discuss the details of your relocation, benefits package, etc.
>
> Sincerely,
> Dwight Jones

サカモト様
翻訳コーディネーターとして、ぜひともわがバイリンガル社で働いていただきたいと思います。
面接でお話ししたとおり、6月10日よりボストンオフィスにて始業していただきたく存じます。
お受けいただける場合は 1-212-473-3793 までご連絡ください。詳しい雇用形態、手当などを相談しましょう。
敬具
ドワイト・ジョーンズ

☀ 使えるフレーズ

I really appreciate all your help.
多大なご協力をいただきまして、ありがとうございます。

We had a great time during our visit to Boston.
ボストン訪問では大変素晴らしい時間を過ごすことができました。

Thank you for taking the time to meet with us.
お時間を取って私どもとお会いいただき、ありがとうございました。

If I can do anything to repay your kindness, let me know.
お返しをできることがございましたら、どうぞお知らせくださいませ。

Thank you for your cooperation in this matter.
　この件に関しましてご協力をいただき、ありがとうございます。

Many thanks for your help and hospitality.
　お力添えとおもてなしに深く感謝いたします。

Thank you very much in advance for your help.
　お力添えをよろしくお願い申し上げます。

Thank you so much for all your help recently.
　最近いろいろお世話になり、ありがとうございます。

Thank you for picking me up at the airport and taking me to the hotel.
　空港までお出迎えのうえ、ホテルにまでご案内いただき、本当にありがとうございました。

Your support is really appreciated.
　ご支援に深く感謝いたします。

As always, your assistance is appreciated.
　いつもながら、ご支援、お力添えに感謝いたします。

6 苦情とその返事 (Complaints and Replies)

☀ 商品納入遅延への苦情

Subject: Order #547896 not received

Dear Ms. Arnold,

I am writing to inform you that the shipment of stationary supplies that we ordered on May 16 has not arrived yet.

The order number was 547896. Could you please look into the matter and let us know when the goods will be arriving?

Thank you very much.

Shinya Murayama
General Affairs Department
****

Kawahara Pharmaceuticals
2-1-1 Shinjuku, Shinjuku-ku
Tokyo, Japan 112-0031
Tel. 81 (03) 3693-0428
Fax. 81 (03) 3693-0429
email: murayama2@kawahara.jp

件名：注文番号 547896 が未着

アーノルド様

弊社が５月16日に発注いたしました文房具がまだ届いてないことをお知らせいたします。発注番号は547896です。この件についてお調べいただき、いつ品物が到着するか、お知らせいただけますでしょうか？　どうぞよろしくお願い申し上げます。

ムラヤマ　シンヤ

総務部
カワハラ製薬
112-0031
東京都新宿区新宿 2-1-1
電話：81 (03) 3693-0428
Fax：81 (03) 3693-0429
email：murayama2@kawahara.jp

☀ 注文先からの返事

Dear Mr. Murayama,

Thank you for informing us of the situation with your order.

According to our records, the shipment was sent from our warehouse on May 18 and should have arrived the next day. I am looking into the matter and will get back to you within the next 24 hours.

I apologize for any inconvenience that this delay may have caused.

Sincerely,

Rebecca Arnold

ムラヤマ様
お客様のご注文に関する状況のご連絡ありがとうございます。
弊社の記録によりますと、倉庫からは5月18日に発送されており、翌日には到着しているはずです。確認し、24時間以内にお返事いたします。
遅延によるご不便をおかけし、申し訳ございません。
敬具
レベッカ・アーノルド

使えるフレーズ

We urgently need the goods we ordered.
発注した品が早急に必要です。

We haven't received our order.
発注した品が到着しておりません。

The delay is causing us great inconvenience, since we promised our customer early delivery.
お客様には、早々に納入する旨のお約束をいたしており、この遅延によって当社は多大な迷惑を被っています。

We are sorry, but we will be late in shipping our new product.
当社の新製品の出荷が遅れ、申し訳ありません。

We will ship the products within two weeks without fail.
間違いなく2週間以内に製品をお送りいたします。

We will have to cancel our order if the products don't arrive as scheduled.
予定どおり製品が納品されなければ、注文をキャンセルせざるをえません。

Due to circumstances beyond our control, we can't deliver your goods this coming Friday.
不測の事態により（当社は）商品を今週金曜に納品することができません。

7 人の紹介とその返事 (Introductions and Replies)

● 就職の紹介

Subject: Possible job candidate

Dear Scott,

I am writing to recommend one of my staff members, Yasunori Asada, who has worked for me for the past 8 years, for the engineer's job that you mentioned to me last week on the phone. He is interested in moving to Australia to work, and I think that he would be an excellent candidate.

Yasunori has been a big asset to our firm, thanks to his excellent problem-solving skills, deep technical knowledge, and willingness to work hard. He is also very well-liked by his fellow employees.

He will be contacting you within a few days, and I hope that you will be able to meet with him.

Hiroki Yokoyama

件名：有力求職者

スコット様

私のスタッフであるアサダ　ヤスノリを、先週電話でお話ししていたエンジニア職へ推薦いたします。彼は私のもとで8年間働いてくれましたが、現在オーストラリアに移って仕事をすることに関心を持っております。彼は有力候補になると思います。

ヤスノリの問題解決能力、技術への深い造詣、そして熱心な働きはわが社の財産そのものでした。同僚にも大変好かれておりました。

ヤスノリ本人から数日のうちにご連絡いたしますので、彼と会うお時間を作っていただければ幸いです。

ヨコヤマ　ヒロキ

☀ 紹介先からの返事

> Hiroki,
>
> Thank you very much for introducing Yasunori to me.
>
> He sounds very well-qualified and I will be happy to give him an interview. We have been having trouble finding someone to fill the position, so I really appreciate your recommending him.
>
> Scott

ヒロキさん
ヤスノリさんをご紹介いただき、ありがとうございます。彼は適任のようで面接するのが楽しみです。このポジションには適した人材がなかなか見つからず、ご推薦に感謝いたします。
スコット

☀ 使えるフレーズ

I am writing to recommend Ms. Kaori Shimizu.
シミズ　カオリさんのご紹介をさせていただきたく、メールいたします。

I am certain she would make an excellent sales person.
彼女がすばらしい販売員になると確信しております。

He always completes his work using his skill and experience.
彼は自身の技術と経験で仕事を完璧にこなしています。

Rei was an excellent student, and I am sure he will be a superb employee.
レイはすばらしい学生ですので、必ずすばらしい社員となります。

I have known Ms. Asano for past 5 years.
アサノさんとは、5年来の知り合いです。

Thank you for going to the trouble of recommending Nakano-san to us, but unfortunately, she did not meet our needs.
ナカノさんをせっかくご紹介いただいたのですが、残念ながら弊社の希望とは合致しませんでした。

She is an excellent and capable person, but regretfully, we will not be able to hire her at this time.
彼女はとても優秀な人材ですが、今回は残念ながら見送らせていただきます。

8 就職活動 (Job Hunting and Replies)

☀ ポジションへの応募

Subject: Application for senior auditor position

Dear Mr. Abrams:

I am writing to apply for the senior auditor position advertised on Jobfinder.com on September 2, 2009. As you can see from my resume, I have more than 8 years' experience working for Tokyo Kansa Houjin in the Business Risk Services Department and have consulted for major firms such as Shin-Nihon Pharmaceuticals and C.T.R. Shuppan, one of Japan's largest publishing companies.

Although I have enjoyed my career at Tokyo Kansa Houjin, I am applying to J.B. Stuart Accounting because I would like to make more use of the English skills that I acquired while studying abroad in the United States, and I wish to further develop my consulting skills by working with clients outside Japan.

Please find attached one resume (resume.doc) and two letters of reference (Suzukireference.doc, Millerreference.doc).

Thank you very much for your consideration of my application.

Hiroyuki Sugimoto

件名：上級監査職への応募

エイブラムズ様
2009年9月2日付ジョブファインダー・コムに載っておりました上級監査職へ応募いたします。履歴書にも書いたとおり、東京監査法人のビジネスリスク・サービス部で8年の職歴があり、新日本製薬、また日本の大手出版社のひとつCTR出版のような大会社の顧問を務

めておりました。
東京監査法人での仕事は素晴らしいものでしたが、アメリカ留学中に身につけた英語のスキルをもっと生かしたいと考え、また日本以外の顧客と働くことで、コンサルティング力をさらに伸ばしたいと考え、このたび J. B. スチュアート・アカウンティングへ応募します。
履歴書 (resume.doc) と、2 通の参考資料 (Suzukireference.doc, Millerreference.doc). を添付いたします。
どうぞよろしくお願い申し上げます。
スギモト　ヒロユキ

◆採用担当者からの返事

> Dear Mr. Sugimoto:
>
> Thank you for your interest in the senior auditor position. We have reviewed your application and would like to invite you to come for an interview.
>
> Please select two times that you would be available from the list below:
>
> Thursday, September 2
> 10 AM – 11:30 AM
> 1 PM – 2:30 PM
> 3 PM – 4:30 PM
> Friday, September 3
> 10 AM – 11:30 AM
> 1 PM – 2:30 PM
> 3 PM – 4:30 PM
>
> Looking forward to hearing from you,
>
> Stewart Abrams

スギモト様
わが社の監査役のポジションへ興味をお持ちいただきありがとうございます。応募書類を拝見した結果、ぜひ面接をさせていただければと思います。
以下の日にちの中でご都合のよい日時を 2 つお選びください。（中略）
お会いできるのを楽しみにしております。
スチュアート・エイブラムズ

☀ 使えるフレーズ

I am currently employed as a receptionist at Kawahara Dental Clinic.
私は現在カワハラ・デンタルクリニックで受付をしております。

I believe that my combination of technical skills and consulting experience would serve your firm well in this position.
私の技術とコンサルティング経験を組み合わせれば、必ずやこの職のお役に立てると信じております。

I can be reached anytime via my cell phone at (213) 234-9678.
私の携帯電話 (213) 234-9678 で、いつもご連絡を取っていただけます。

I am available for an interview at your convenience.
ご都合のよろしいときに、面接に伺えます。

I left the firm because I am looking for a more challenging position.
もっと挑戦しがいのある職に就きたいために、退職いたしました。

References available upon request.
ご要望に応じまして参考資料をご用意いたします。

I look forward to speaking with you about this employment opportunity.
就職の機会につきまして、お話しできますことを楽しみにしております。

I have been employed as a computer programmer at Sato Industries for the past 5 years.
サトウ工業で5年間コンピュータ・プログラマーとして働いておりました。

I am fluent in English.
英語は流暢です。

I can speak English at a business level.
英語でビジネスができます。

This is to acknowledge the receipt of your application.
これはあなたの応募を受け付けたことのお知らせです。

We will be contacting applicants for interviews within the next week.
応募者には来週までに面接のご連絡をいたします。

The interview will consist of a written test and a conversation with the manager.
面接は筆記テストと部長との対話が行われます。

The interview will take about 1 hour.
    面接は約 1 時間かかります。

Could you let me know your availability on Thursday, April 17?
    4 月 17 日（木）のご都合をお知らせくださいますか？

If you are unable to keep this appointment or if you have any questions, please call me at 525-4643.
    もしこのお約束が不都合な場合もしくは不明点などありましたら、525-4643 までお電話ください。

An interview has been scheduled for you on Friday, June 12, at 11:00, with Mr. Osamu Sato, Head of Personnel.
    人事部長のサトウ　オサムとの面接を 6 月 12 日（金）の 11 時に設定させていただきました。

Mr. Sato's office is located on the 8th floor, Room 803.
    サトウのオフィスは 8 階 803 号となっております。

Please call me to set up an interview.
    面接日設定のため、ご連絡ください。

If you have any questions about the position, please feel free to ask.
    募集職に関する質問などございましたら、お気軽にお尋ねください。

9 連絡とその返事 (Contacting and Replies)

☀ 打合せの連絡

> **Subject: Wednesday meeting**
>
> Everyone,
>
> This is just to let you know that there will be a meeting this Wednesday at 6:00 to discuss recent developments with the Anderson account.
>
> Marie Saunders will be making a short presentation and then we will have a general discussion. I don't think it will take more than 90 minutes or so.
>
> The meeting will be held in conference room C.
>
> If you cannot attend, please let me know.
>
> Junko Kobayashi

件名：水曜の打合せ

皆様
今週水曜日６時に打合せがあることをお知らせします。アンダーソン・アカウントとの最近の進展について話し合います。
マリー・サンダーズが短いプレゼンを行い、その後全体討論をいたします。90分以上にはならないと考えております。
場所はＣ会議室です。
出席できない方は、お知らせください。
コバヤシ　ジュンコ

☀欠席者からの返事

> Junko,
>
> Sorry, but I won't be able to make it to the meeting. I have an appointment with Mike Stevens from AZT, and it's impossible to change it. Could we meet on Thursday morning some time to go over what was said at the meeting?
> I'm available any time in the morning.
>
> Sarah Mayer

ジュンコへ

残念ですが、打合せには出席できません。AZT のマイク・スティーブンスと先約があり、変更はできないのです。木曜日午前中のどこかの時間で会って、再度お話しいただいてもよろしいですか？

午前中ならいつでも大丈夫です。

サラ・メイヤー

☀使えるフレーズ

Attendance is mandatory.
　　　必ず出席のこと。

We will be discussing next year's budget.
　　　来年の予算について話し合います。

The meeting time has been changed from 6 PM to 7 PM.
　　　ミーティングの時間が6時から7時に変更になりました。

Please let me know whether you will be able to attend by Tuesday.
　　　出席可能かどうか、火曜日までにお知らせください。

Could we meet sometime on Tuesday afternoon?
　　　火曜の午後のどこかでお会いできませんでしょうか？

I'm available any time after 2 PM.
　　　2時以降であれば大丈夫です。

10 先生への質問とその返事 (Questions and Replies)

☀ ネイティブの教授への質問

Subject: March 18 report

Professor Scott,

This is Hiromi Kimura from your American History 302 class. I'm sorry to bother you as I'm sure you're very busy right now, but I was wondering if you could give me some advice about the report that's due on March 18. I'd like to ask you some questions about it. I think it will take about 15 minutes.

Hiromi Kimura

件名：3月18日のレポート

スコット教授

アメリカ史 302 の受講学生のキムラ　ヒロミです。お忙しいところ大変申し訳ないのですが、3月18日提出のレポートについて、少しアドバイスがいただきたいのです。いくつか質問をしたいと考えております。15分ほどになると思います。

キムラ　ヒロミ

☀ 教授からの返事

> Dear Hiromi,
>
> Thank you for your email.
>
> I will be having office hours as usual next week on Tuesday and Thursday from 1PM to 4 PM.
>
> Please come and see me then and I will be happy to discuss your report with you.
>
> Professor Scott

ヒロミさんへ
メールありがとう。
来週の私のオフィスアワーは通常どおり火曜日と木曜日の午後1時から4時までとなっています。
こちらへ来てもらって、レポートについて話し合いましょう。
スコット

☀ 使えるフレーズ

I'm sorry I was absent yesterday, but I have the flu.
　　昨日は風邪のため欠席して申し訳ありません。

I was wondering if you would be willing to write a reference letter for me.
　　私のために推薦状を書いていただけませんでしょうか？

I feel that my essay deserved a higher grade and was wondering if we could discuss this matter.
　　私のエッセイはもっといい成績がいただけるのではと思いました。よろしければ話し合いの機会をいただけませんか？

I have a question about today's lecture.
　　今日の講義について質問があります。

Would it be possible to extend the due date on my essay?
　　エッセイの締切を延ばしていただけませんか？

[2] ショップへの問合せメール

　ネット通販をしていて何か疑問があったり、問題が起きたりした場合にはメールでやりとりするのが最も一般的です。コツは「言いたいことははっきり伝える」ことです。自分がどのように対処してもらいたいかまでを書いたほうが、スムーズに取引ができます。I'd like to ... や Would you ...? という表現を使えば、あなたの希望が伝わります。

I'd like to get this item by July.
　　　　７月までに商品が欲しいのですが。

1 注文前の請求・依頼

☀ カタログ請求

Subject: Request for new catalogue

To whom it may concern:

I am writing to request a copy of your newest catalogue. Is it possible to send one to Japan?

I would appreciate it if you could send it to the address below:

2-3-1-309 Nishi-Ikebukuro
Toshima-ku
Tokyo, Japan
171-0036

Thank you very much,

Yukiyo Higuchi

件名:最新カタログの請求

ご担当者様
一番新しいカタログが欲しいのですが、日本へは送っていただけますでしょうか?
もし可能であれば以下の住所までお願いします。
(中略)
よろしくお願いいたします。
ヒグチ　ユキヨ

☀ 見積もり依頼

Subject: Price inquiry

To whom it may concern:

I am interested in ordering the following product from your company. Could you send me information about the shipping and handling fees, please?

Product number: A-2453 (Leather boots, black) – 1 pair
Shipping destination: Tokyo, Japan
Shipping methods: air, surface, various courier companies

件名:料金に関する問合せ

ご担当者様
御社の商品を注文したいと思います。以下の商品を購入したいのですが、送料、手数料などかかる費用の見積もりをお知らせください。
商品番号 A-2453　革ブーツ・黒　1足
発送先:日本、東京都
配送方法:航空便、船便、宅配便それぞれ

2 注文

☀ 商品の注文

Subject: Printer ink order

Dear Mr. Walters:

This is an order for the merchandise described below:

  10 EA.   Black ink cartridges (#CJ5532) @ $12.24-$124.40
   3 EA.   Color ink cartridges (#CJ5534) @ $21.95-$65.85

Please ship as soon as possible.
Method of shipment: UPS.

Thank you for your prompt and expeditious handling of this order.

Yours sincerely,
Akihiko Tamura

件名：プリンタ・インクの注文

ウォルターズ様
下記の商品を発注いたします。
数量10個　黒インクカートリッジ CJ5532 番　12.24 ドル（1個）計 124.40 ドル
数量３個　カラーインクカートリッジ CJ5534 番　21.95 ドル（1個）計 65.85 ドル
（EA. ＝ each［各…］の略）
できるだけ早くご出荷願います。
輸送方法：UPS（United Parcel Service: UPS 宅急便）
迅速なご対応のほど、どうぞよろしくお願い申し上げます。
タムラ　アキヒコ

☀ 使えるフレーズ

Thank you for your order.
　　ご注文ありがとうございます。

Thank you for your June 23, 2008 order of 10 LCD display units, catalogue number LCDM-26578.
　　2008年6月23日付、カタログ番号LCDM-26578の液晶ディスプレイ10台のご注文、ありがとうございます。

We'll process your order right away.
　　ご注文は迅速に処理させていただきます。

Thank you for your order of March 21, 2009.
　　2009年3月21日付のご注文ありがとうございます。

We will dispatch your order on Friday this week.
　　今週の金曜に送付させていただきます。

We were very pleased to receive your order of February 13 and will deliver it on the usual terms.
　　2月13日付のご注文ありがとうございます。通常の条件で発送させていただきます。

Since you have been placing large orders with us lately, we are happy to extend your payment deadline until the last day of each month.
　　貴社からは、大口注文をいただいておりますので、各月末日まで支払期日を延長させていただきたく存じます。

As of October 3, we also accept orders by email.
　　10月3日より当社は電子メールでもご注文を承っております。

With reference to your quotation of July 12, we would like to place an order for 3 inkjet printers.
　　7月12日付の貴社の見積書を参考に、インクジェット・プリンタを3台注文させていただきます。

We would like to confirm our March order for eight woolen blankets.
　　3月に発注しましたウール毛布8枚のご確認をお願いいたします。

Please dispatch the product by FedEx to our office in Tokyo.
　　商品はFedExで、東京の弊社までお送りください。

The payment will be made in cash within 14 business days.
　　支払い方法ですが、14営業日以内に現金にてお支払いいたします。

Please send confirmation by email when you receive our order.
 弊社の注文を受けられましたら確認メールをご送信ください。

Could you give us details about the bulk discounts that are available?
 大口割引の詳細をご教示くださいますでしょうか。

Do you deliver overseas?
 （発注したいのですが）海外への発送は可能ですか？

Can I pay in Japanese yen?
 日本円での支払いは可能ですか？

Please send the invoice to the address below.
 下記住所に請求書をご送付ください。

3 クレーム

☀ 注文確認メールの未着

> **Subject: No confirmation email**
>
> I ordered the items below from your online shop the other day, but I have not yet received a confirmation email.
>
> Have you received my order?
>
> Product number: 2657, Beige reusable shopping bag

件名：注文確認メールが来ません

先日御社のオンラインショップにて以下の商品を頼んだのですが、注文確認メールが来ていません。私の注文は受け付けられていますでしょうか？
商品番号 2657 の、ベージュのエコバッグ。

☀ 商品の未着

> **Subject: Problem with clothing shipment**
>
> I ordered a sweater (#FT108) from you on July 12, but it has not arrived yet.
>
> Could you please let me know when you expect it to be delivered? Thank you very much.

件名：商品発送に関する問題

7月12日に商品番号FT108のセーター1着を注文しましたが、いまだに商品が届きません。いつ頃届くのか教えていただけますでしょうか？　よろしくお願いいたします。

☀ 商品の間違い

> **Subject: Problem with clothing shipment**
>
> I recently ordered a skirt from your catalogue, but the one I received was different from the one I ordered. I ordered #123-4, a deep-blue, pleated skirt but received a brown, flared skirt.
>
> I would appreciate it if you could re-send my order as soon as possible.
>
> Thank you for your attention.

件名：商品発送に関する問題

御社のカタログでスカートを購入したのですが、頼んだ商品と違うようです。私が注文したのは、商品番号123-4の紺色のプリーツスカートです。実際に届いたのは、茶色のフレアスカートでした。なるべく早く商品を送っていただけると幸いです。対応をよろしくお願いいたします。

☀ クレームへの返事

> Dear Ms. Kimura:
>
> Please accept our sincerest apologies for the problems with your order.
>
> We have re-shipped the item using priority shipping, and it should arrive within 3 days.
>
> As for the brown skirt, since it was our mistake, please keep it. We deeply regret the trouble that this has caused you, and we would like to offer you a 10 percent discount coupon for your next order by way of apology.

Jack Bryant
Customer Services Dept.
King Fashions

キムラ様

ご注文にかかわる問題につきましては、心よりおわび申し上げます。ご注文いただいた商品は、特急便ですでに再出荷いたしましたので、3日以内に到着するはずです。茶色のフレアスカートにつきましては、こちらのミスですので、そのままお持ちいただければと思います。このような問題を起こしましたことは、まことに申し訳なく、おわびといたしまして、次回のショッピングにお使いいただける10%割引クーポンを同封いたしました。

ジャック・ブライアント
顧客サービス部
キングファッション

☀ クレーム対応へのお礼

Dear Mr. Bryant:

Thank you very much for resending the skirt so quickly. It arrived today and it was the skirt ordered.

Thank you also for the discount.

Yuko Kimura

ブライアント様

迅速にスカートを再送いただき、まことにありがとうございました。本日到着いたしました。今回はきちんと注文したスカートが届きました。割引をありがとうございました。

キムラ　ユウコ

☀ 商品の破損

Subject: Broken leather bag

I ordered a leather bag from you (product number 4547) on June 12, but the handle was broken.

I would like to exchange it for a new one. Could you please let me know how to go about this?

Thank you for your help.

件名：革のバッグ破損

6月12日に製品番号4547の革のバッグを注文しましたが、取っ手の部分が壊れています。新しいものと交換していただきたいのですが、どのようにすればいいでしょうか？　ご対応よろしくお願いいたします。

☀支払金額の誤り

Subject: Wrong charge for order 49338

Attn: Billing Department

I am writing about my bill for order number 49338, which was shipped to me on November 12. I think that one of the charges is wrong. On your website, it says that the belt costs $12.95, but I was charged $129.50. I would appreciate it if you could fix the error and refund the difference to me as soon as possible. Thank you very much.

件名：注文番号49338の価格間違い

支払い部門あて

注文番号49338についてのメールです。11月12日に出荷された商品ですが、価格が違うように思います。ウェブサイトでは、このベルトは12ドル95セントと表示されていましたが、129ドル50セント引き落とされました。できるだけ早く訂正していただき、差額分の払い戻しをお願いいたします。ありがとうございます。

2-3 気持ちを伝えるメールの実例と表現集

[1] 友人・知人へのメール

1 さりげない書き出しと結びの表現

かしこまりすぎると他人行儀な印象を与えてしまうので、カジュアルなあいさつなどから入るようにしましょう。

☀ 相手の動向を尋ねる

How's the weather there?
そちらの天気はどうですか？

How's life in New York?
ニューヨークはどうですか？

How's life? How's work? How's everyone there?
調子はどう？　仕事は？　皆さんは元気ですか？

What's new in London?
ロンドンでは変わったことはありますか？

Is it still hot there?
そちらはまだ暑い？

Are you still working at a publisher? Has summer vacation started yet?
出版社にまだお勤め？　もう夏休みは始まりましたか？

Do you miss Japan?
日本が恋しいですか？

Did you get the photos I sent you?
送った写真は届きましたか？

Are you feeling better now?
少しは具合がよくなりましたか？

☀ 自分の近況を伝える

あいさつの後には、自分の近況や気分もしくは、なぜメールしたかなどを簡単に伝えるといいでしょう。

I'm really busy with work.
　　仕事がとても忙しいです。

I'm enjoying my vacation.
　　休暇を楽しく過ごしています。

The weather is lovely here.
　　こちらの天気は最高です。

I got a new job.
　　新しい仕事を見つけました。

I have some big news.
　　びっくりするようなお知らせがあります。

There's not much exciting happening here.
　　こちらではそれほどわくわくするようなことはありません。

I really miss you.
　　あなたにお会いしたいわ。

I've been sick recently.
　　最近病気でした。

I don't have much time so this will be a short email.
　　時間がそれほどありませんので、短いメールで失礼します。

This is just a quick note to thank you for your present. I hope this email finds you in good health.
　　プレゼントのお礼を言いたくて取り急ぎメールしました。あなたが健康でありますように。

Sorry for not writing for so long.
　　ご無沙汰してごめんなさい。

Just a quick note to say that ...
　　取り急ぎお知らせするけど…。

結び

親しい人への結びの言葉は、シンプルなもので OK。また相手を思いやるようなひと言を入れるのもいいでしょう。

Gotta go.
　　それじゃあ。

Take good care of yourself.
　　お体を大切に。

Don't work too hard!
　　働きすぎないようにね！

Say hi to your wife for me!
　　奥さんにもよろしくね！

Well, I'd better sign off now.
　　そろそろ終わりにしますね。

Well, I'm out of news, so I guess I'll sign off now.
　　取り立てたこともないので、そろそろ終わります。

I'm looking forward to hearing from you soon.
　　お返事を楽しみにしています。

I'll write again next week.
　　来週また書きますね。

Want to come with us?
　　私たちと一緒に行かない？

2 友達同士のデイリーメール

☀ **遊びの誘い**

Subject: Friday plans

Kim,

How's it going? Do you have any plans this Friday? If you're free, would you like to go for a drink in Ebisu? We're planning to go around 8:00 and I'm going to invite Chie and her friends. If you want to bring some friends along, that would be great! Could you let me know if you can come by tomorrow? I need to know how many people are coming so I can make a reservation.

Kaoru

件名：金曜の予定

キム、元気？　今週の金曜日は何か予定ある？　もし時間あったら恵比寿で飲まない？　時間は８時ぐらいを予定してます。チエたちにも声かけてみるね。誰か連れてきたい友達がいたら、ぜひぜひ！　明日までに返事ちょうだいね。お店は人数決定次第、私が予約しておきます。
カオル

Subject: Shinjuku on Saturday

Hey Rick,

How's everything going? Hope you had a good vacation. I'm going out with Jun and Ryusuke this weekend for a few beers. Wanna join us? We're going to Shinjuku on Saturday night to see a band. We'll probably meet up in front of Studio Alta around 8:00.
Let me know if you can come.

Shinji

件名：土曜に新宿で

やあ、リック、元気にやっている？　いい休暇を過ごせたかな。今週末、ジュンとリュウスケと飲みに行くんだ。一緒に行かないか？　土曜の夜、新宿でライブを見る。8時頃スタジオアルタの前で集合するつもりだ。来られるかどうか知らせてほしい。
シンジ

☀ 近況報告

Subject: Akemi's email address

Hey Janet!

How goes it? It's really beautiful weather these days, isn't it? Yesterday, I went shopping downtown because I need some new clothes for work. I went to Mitsukoshi Department Store and I found a gorgeous red skirt that was 30 percent off.
I was taking a break from shopping in a café when I ran into Akemi. She was asking how you were and I told her that you went back to Ireland. She said she'd really like to hear from you, so if you have time, why don't you send her an email? Her address is akemi435@hotmail.co.jp.
Talk to you soon,

Hitomi

件名：アケミのメールアドレス

ハイ、ジャネット！　調子はどう？　最近は本当によい季節になったわね。仕事のための服が必要だったので、昨日ショッピングに行きました。三越へ行って、30パーセントオフで、カッコイイ赤のスカートを買ったのよ。

ショッピングを中断してカフェでお茶をしていたら、偶然アケミに会ったのよ。彼女にあなたのことを聞かれたので、アイルランドに帰ったって言ったわ。あなたからのお便りを欲しがっているから時間があるときにメールしてあげてね。アドレスはakemi435@hotmail.co.jpです。またね。
ヒトミ

☀ メールアドレス変更の連絡

Subject: New email address

Hi,

I just wanted to let you know that I have a new email address. It's kana789@gmail.com.

I can't check my old address anymore, so please use the new one from now on.

Looking forward to hearing from you soon!

Kana

件名：新しいメールアドレス

こんにちは。新しいメアドのお知らせです。新しいアドレスは kana789@gmail.com になります。古いアドレスはもうチェックできないので、もう新しいアドレスにお願いしますね。メール待ってます！
カナ

☀ 使えるフレーズ

This is my new telephone number/mailing address/fax number/email address.
　　こちらが私の新しい電話番号 / 住所 / ファックス番号 /E メールアドレスです。

My new ... is below.
　　新しい〜は以下のとおりです。

Please note my new ...
　　新しい〜に書き換えてください。

3 恋人同士のラブメール

☀ デートの誘い

> **Subject: How about …?**
>
> Hi Laura,
>
> I really enjoyed meeting you at Tomoko's party last week.
>
> Thank you so much for telling me about England and your travels. It was a lot of fun to talk with you and if you're not busy, I'd really like to meet you again. Would you like to go to a movie or have dinner sometime?
>
> I know a really nice restaurant in Shibuya that serves delicious English food. Please send me an email or call me at 090-1111-3333.
>
> Jun

件名：どうかな？

ローラへ

トモコのパーティーでお話できて楽しかったです。イギリスでの旅行の話聞かせてくれてありがとう。あなたと話せてとても楽しかったので、忙しくなかったらぜひもう一度会いたいな。映画か夜ご飯なんてどうかな？

渋谷にイギリス料理のおいしいレストランがあります。よかったらメールか090-1111-3333に電話ください。

ジュン

☀ デートのお礼

> **Subject: Had a great time**
>
> Hi Richie!
>
> Thank you very much for taking me to the movie last night. I had a great time. The movie was really funny, and the Italian restaurant was delicious. It was one of the best meals I've ever had.
>
> I also really enjoyed talking with you and hearing about your travels. I hope we'll be able to take a trip together someday!
>
> Do you still want to meet next weekend?
>
> I'm looking for a good restaurant in Shinjuku.
>
> Thinking of you,
>
> Naomi

件名：楽しいひとときでした

ハイ、リッチー！

昨夜は映画に連れて行ってくれてありがとう。とても楽しかったです。映画はとても面白かったし、イタリアンレストランもおいしかったわ。今までの食事の中でも最高な食事に数えられます。

あなたとおしゃべりをして、旅行の話を聞けたのも、楽しかったわ。いつか一緒に旅行に行けたらいいですね！

来週末も私と会ってくれますか。新宿でおいしいレストランを探しているところです。

あなたを思いながら、

ナオミ

4 季節のあいさつ

☀ メリークリスマス

Subject: Happy Holidays!

Mary, Steven, Allen and Tracy,

Happy Holidays! I hope you're all doing well and enjoying the holiday season. This has been a big year for us and a lot of good things have happened.

First of all, Takashi got a new job. He was tired of his old company, and there didn't seem to be many chances to get a promotion there, so he has gone to Mixo Inc. He's doing the same job there, but he says he really likes his new coworkers and that he has more responsibility in his job, so I think he's really happy with his decision.

Fumie is in grade 2 now, and has started taking piano lessons. She gets cuter all the time and I am attaching a photo of her at her piano recital last month.

Tomo is still playing soccer, and this year his team were the league champions.

As for me, I'm keeping busy looking after Fumie and Tomo, and doing volunteer work with the PTA.

I hope you all had as good a year as we did. All the best for 2009.

Maki, Takashi, Fumie and Tomo

＊近年アメリカでは、宗教的中立の観点から、クリスマスを祝わない人々に配慮し、"Merry Christmas!" の代わりに "Happy Holidays!" のあいさつを用いる傾向がある。

件名：メリークリスマス！（楽しい年末年始を）

メアリー、スティーブン、アレン、トレイシーへ

メリークリスマス！　皆さんお元気で、休暇シーズンをお楽しみのことと思います。今年は私たちにとってとても重大な１年でした。いろいろないいことがありました。

まずタカシが新しい仕事を見つけました。彼は以前の会社にうんざりしていました。そこでは昇進のチャンスもなさそうだったのです。それで、Mixo 社へ移りました。そこでは同じ仕事をしていますが、新しい同僚も気に入っているし、以前よりずっと責任があるそうです。だから彼は、自分の決断には満足のご様子。

フミエは今２年生で、ピアノのレッスンを始めました。彼女はいつもかわいらしいですよ。先月のピアノの発表会の写真を添付します。トモはまだサッカーをしています。今年彼のチームはリーグチャンピオンになりました。

私は、フミエとトモの世話や PTA のボランティア活動で大忙しです。

私たちのように、皆様も素晴らしい年でありましたように。そして 2009 年のご多幸を。

マキ、タカシ、フミエ、トモ

☀あけましておめでとう

Subject: Best Wishes for 2009!

Happy New Year Yukiko!

How's it going? I hope you and your family are having a really good time.
Keep warm!

Best wishes, and may all your dreams come true in 2009!

Cathy and Little J

件名：2009 年のご多幸を！

ユキコ、あけましておめでとう！
いかがお過ごし？　あなたとご家族が楽しく過ごせていますように。暖かくしてね。
では、今年はあなたの願いがすべて叶いますように！
キャシーとおチビの J より

> **Subject: Thinking about you**
>
> Dear Susan, David, and Lynn,
>
> Happy New Year!
>
> Did you enjoy your winter vacation? I just spent the holidays at home with my family this year.
>
> Did you make any New Year's resolutions? Mine is to improve my English. I hope you have a great year.
>
> Mariko

件名：皆様のことを思って

親愛なるスーザン、デイビッド、リン
あけましておめでとうございます。
冬の休暇は楽しかったですか？　私は、今年は家族と一緒にずっと家で過ごしました。
何か新年の決意をしましたか？　英語がうまくなることが今年の私の決意です。今年が皆様にとって、良き年でありますように。
マリコ

☀ 残暑見舞い

> **Subject: Greetings from Japan**
>
> Dear Arthur and Maggie,
>
> Hi. How was your summer? This year was really hot and humid. I heard it was bad there in Washington too. I hope you survived the heat okay. Did you have a nice trip to Seattle? This year we took our kids to Tokyo Disneyland for a week. They had a great time and Saori really loved Mickey Mouse.

The kids are back in school and Ken is busy with soccer practices. As a matter of fact, I have to take him to the park now, so I'd better sign off.

Rie

件名：日本からごあいさつ

親愛なるアーサーとマギー

夏はどうでしたか。今年は本当に蒸し暑かったわ。ワシントンもひどかったみたいですね。ひどい暑さの中、あなたがどうにか生きてるといいのだけど。

シアトルへは素敵な旅行でしたか？　今年、私たちは１週間ほど子供たちを東京ディズニーランドへ連れて行きました。みんなとても楽しそうで、サオリはミッキーマウスが大のお気に入りでした。

子どもたちは新学期が始まり、ケンはサッカーの練習に忙しくしています。これから、彼を公園に連れて行かなくてはならないので、この辺で失礼します。

リエ

☀使えるフレーズ

Hope you're enjoying the holidays.
　　休暇を楽しんでいらっしゃいますように。

Did you have a nice summer vacation?
　　夏休みは楽しめましたか。

We're looking forward to seeing you at New Year's.
　　新年にお会いできるのを楽しみにしています。

Did you get lots of presents?
　　プレゼントはたくさんもらえましたか。

What are you doing for the holidays?
　　休み中は何をしますか？

We spent a quiet Christmas at home.
　　私たちは家で静かなクリスマスを過ごしました。

Our plans were affected by the weather.
　　私たちの計画は天気に影響を受けてしまいました。

The kids are really excited about Christmas.
　　子供たちはクリスマスをとても心待ちにしています。

5 身辺の異動を知らせる

※出産のお知らせ

Subject: Big news!

Dear Carrie,

We have some big news to tell you. There's been an addition to the Hayashi family!

Last week Rumiko gave birth to a baby boy. His name is Takahiro. He weighed 3.4 kg at birth.

Rumiko went into the hospital on Wednesday night, and gave birth the next morning. The labor was about 9 hours so she was exhausted, but she's doing just fine now. She'll be released from the hospital tomorrow.

Maki is very excited to have a little brother too.

We hope you'll be able to come to Tokyo soon to meet Takahiro.

Hope you're doing well.

Satoshi

件名：ビッグニュース！

親愛なるキャリー

あなたにビッグニュースがあります。ハヤシ家がひとり増えました。先週ルミコが男の子を出産しました。名前はタカヒロです。誕生時の体重は3.4キロでした。

ルミコは水曜日の夜に入院し、翌日の朝出産をしました。陣痛は9時間に渡り、彼女は消耗しきっていましたが、今はすっかり元気になっています。明日退院します。

マキは弟ができたことに大興奮です。あなたが東京に来てタカヒロに会えたらと思います。
お元気で。
サトシ

☀ 引越しのお知らせ

Subject: House-warming party

Hi Arthur,

How's everything going? The big move was really tough, but we're really happy in our new place. It's much bigger than our old apartment and is nearer to the station so we're really lucky.

We're having a house-warming party next weekend. If you're free, please come on Saturday around 7:00.

Akira

件名：引越パーティー

アーサー、こんにちは。
元気にやっていますか？ 引越しは大変でしたが、私たちは新しい家がとてもうれしいです。以前のアパートよりもずっと広いし、駅にももっと近くなりました。とてもラッキーです。
来週末、引越パーティーをします。お時間があったら、土曜７時頃ぜひおいでください。
アキラ

6 お祝いの気持ちを伝える

☀ 誕生日おめでとう

Subject: Birthday wishes

Happy birthday Mary!

I hear you'll be having a party! I hope you have a great time and get lots of nice presents. Did you get the flowers that I sent you? I hope they arrived on time.

I hope this will be another great year for you!

Your friend,
Kazumi

件名：誕生日おめでとう

誕生日おめでとう、メアリー！
パーティーを開くんですってね。楽しく過ごせて、素敵なプレゼントをたくさんもらえるといいね。私が贈ったお花は届いた？ 誕生日に間に合っていたらいいんだけど。
今年もまたあなたにとってよい年になりますように！
友達のカズミより

☀ ご出産おめでとう

Subject: Congrats!

Jerry and Carrie,

Congratulations! I was so happy to hear that your daughter was born. This must be a very exciting time for you.

> I hope that you'll be able to come to Japan sometime so that I can meet her, or maybe I'll be able to visit you in Australia.
>
> Take care,
> Koji

件名：おめでとう！

ジェリーとキャリーへ
娘さんが生まれたこと、すごくうれしく思います。本当に感動的な時を過ごしているでしょう。
彼女に会いたいからぜひ日本に来てね。僕もオーストラリアに会いに行けるかもしれません。
じゃあね。
コウジ

☀ 卒業おめでとう

> **Subject: Congratulations!**
>
> Dear Yuki,
>
> Congratulations on your graduation! We are all really proud of you. It must feel really good to be all finished with university.
>
> I heard that you're going to work at a travel agency. I hope you'll enjoy your new career!
>
> Uncle Toshi

件名：おめでとう！

親愛なるユキ
卒業おめでとう！　私たちは本当に君を誇りに思うよ。大学課程をすべて終えるのは本当に素晴らしいことです。
旅行会社に就職決まったそうだね。新しい経験を楽しめるよう祈っているよ！
トシ叔父さんより

7 気遣いを伝える

☀ 病気のお見舞い

Subject: Get well soon!

Dear Alex,

How are you feeling? I was very sorry to hear about your illness, but I'm glad that the operation was successful. I hope you will make a speedy recovery and that you'll be able to ski again soon.

When you're feeling better, I hope we'll be able to get together for dinner.

Hiroki

件名：早くよくなってくださいね！

親愛なるアレックス
お加減はいかがですか？　病気のことをお聞きし、お見舞い申し上げます。手術がご成功と伺い、ホッとしています。早く治って、すぐにまたスキーができるようになることを願っています。
具合がよくなったら、またディナーでもご一緒しましょう。
ヒロキ

☀ お悔やみ

> **Subject: Are you okay?**
>
> Fred,
>
> I was very sorry to hear about the death of your brother. It was a terrible shock and I'm sure this must be a very difficult time for you. Jack was a really great guy and I always remember his funny jokes and interesting stories. I'm really sad that he's gone.
>
> Please let me know whether there is anything I can do to help during this difficult time. You and your family are in my thoughts.
>
> Your friend,
> Yoshio

件名：大丈夫ですか？

フレッドへ

お兄さんのご逝去を知り、心からお悔やみ申し上げます。大変な驚きであり、さぞかしつらい日々をお過ごしのことと思います。

ジャックは素晴らしい人でした。彼の笑えるジョーク、興味深い話は決して忘れることはありません。彼がもういないのかと思うと寂しくてしかたありません。

この悲しみのとき、僕に何かできることがあったら、言ってください。あなたもご家族もいつも僕とともにあります。

君の友、
ヨシオ

[2] メル友へのメール

1 外国人とメル友になろう

☀ ネイティブのメル友と文通

　かつて外国の人と文通することが流行していた時期がありました。まだeメールもない頃で、文通相手は「ペンパル（pen-pal）」と呼ばれていました。国際郵便が今ほど発達しておらず、手紙を出しても届くのは2週間以上先というのが当たり前でした。相手からの返信はとても待ち遠しかったことでしょう。

　それがインターネットが普及した現在、ほとんどリアルタイムに文通できるようになりました。ペンパルのネット版は e-pal と呼ばれ、世界中で活発にコミュニケーションが交わされています。

　世界とつながるのに e-pal はとてもいいきっかけになるかもしれません。たとえひとりでも、長くやりとりすることができれば、とてもかけがえのない存在となります。また、英語のネイティブとのやりとりの中で、自分のことや日本のことを自由に書き、自然な日常英語で書かれた返信を読むことは、英語のライティング・リーディング力をアップさせるのに、またとないトレーニングです。

　ただし、中には悪質な紹介サイトや e-pal を装った人もいるので気をつけましょう。知り合ったばかりなのに商品の宣伝をしてきたり、自分の宗教の話ばかりする人は警戒したほうがいいでしょう。

▶ 海外メル友募集サイト

interpals 　URL http://www.interpals.net/
　登録者数が多く、絞込み検索も細かくできます。"no romance"（非恋愛目的）などを選択することもできます。

world friend net work 　URL http://www.worldfriend.net/j_home.html/
　募集も検索も可能。掲示板やチャットルームで交流することもできます。

japan penfriend 　URL http://www.japan-guide.com/penfriend/
　日本に興味がある人が集まるサイトです。年齢、職業など細かい絞込み検索が可能です。

☀ メル友探しはここに注意!!

①アドレスはペンパル受付専用のものを準備する

　募集広告を出すと、スパムメールなども含めてとにかくたくさんのメールがきます。そのため、日頃メインにしているアドレスやビジネス用のものは避けて、募集広告用のアドレスをフリーメールなどで作ることをお勧めします。自分が仲良くしたいなと思った人や信頼できる人にだけ、数回やりとりした後に通常のアドレスを教えてもいいでしょう。

②あくまでも「友達」ということを明記しましょう

　中には恋愛目的のメル友を探している人もいます。最初にあくまでも「友達」がほしいということを強調しておきましょう。

③プレッシャーに感じないように

　応募してきた人みんなに返事を出したい気持ちはわかります。ただ長く続けるためには、自分に負担をかけすぎないこと。最初の段階で応募メールを吟味し、本当にこの人だ！と思った人にだけ返信しましょう。長く楽しみながら続けられるよう、自分のペースに合わせましょう。

2 メル友との交流・実践編

　メル友募集サイトでは、好みの相手を見つけやすいように、相手募集中の人のプロフィールを掲載しています。上手に自己PRができれば、きっと自分に合ったメル友ができるはず。最初が肝心ですので、募集広告では、名前、国籍、年齢以外にも、自分の趣味・好きなことやメールで話題としたいテーマを、なるべく細かく書いておきましょう。

☀ メル友募集の広告を出す
▶ 一般的なプロフィールの項目
　職業・学校、趣味、興味のあること、今までに訪問した国、性別、おおよその年齢、求めているタイプなど
▶ 書かないほうがいいこと
　個人情報（名字、住所、電話番号、会社名など）

☀ 自己紹介

> Hi. I'm a 28-year-old Japanese female living in Tokyo. I'm a receptionist at a pharmaceutical company. In my free time, I like scuba diving, traveling, and studying English. I have been to America, France, Germany, and Taiwan, and I will be going to England next year, so I would prefer to have a pen-pal from one of those countries. I'm looking forward to hearing from you!

こんにちは。私は東京在住28歳の日本人女性です。製薬会社の受付をしています。時間があるときは、スキューバダイビング、旅行、また英語の勉強を楽しんでいます。今までにアメリカ、フランス、ドイツ、台湾に行ったことがあり、来年にはイギリスに行くつもりです。ですから、その中のどこかの国のペンフレンドができたらいいなと思っています。お返事お待ちしています！

> Hi everyone!
>
> My name's Ken. I'm a university student in Tokyo, Japan and I love music. I'm into the Red Hot Chili Peppers, Green Day, and the Foo Fighters. I'd like to meet a pen-pal who's also into music.

こんにちは！　僕の名前はケン、東京在住の大学生で音楽が大好きです。レッド・ホット・チリ・ペッパーズ、グリーンデイ、フー・ファイターズがお気に入り。同じように音楽大好きな人とメル友になりたいです。

☀ 募集広告への返事

> Hi!
>
> My name's Aki and I'm replying to your pen-pal ad on www.pen-pal.com. I live in Tokyo, Japan and I was very interested in your profile. I'm a university student, and I really like soccer and travel too.
>
> I go to Meiji University in Tokyo and I'm majoring in economics. How about you? What do you study?
>
> I'm a big fan of Manchester United and I play soccer on my university's soccer team. What team do you follow?
>
> I really like traveling, and I hope to go to London next year, so I maybe you can tell me about some interesting places to go or recommend some good restaurants.
>
> Have you ever been to Japan?
>
> Aki

こんにちは。

アキです。www.pen-pal.com のあなたのペンパル募集を見てメールしています。日本の東京在住で、あなたのプロフィールに関心があります。僕は大学生でサッカーと旅が大好きです。

僕は東京の明治大学で経済学を専攻しています。あなたは？ 何を勉強していますか？

僕はマンチェスター・ユナイテッドの大ファンで、自分も大学のサッカーチームでプレイしています。あなたのごひいきのチームはどこですか？

僕は旅行が大好きなので、来年はロンドンに行きたいと思っています。なので、面白い場所やおすすめのレストランを教えてくれたらうれしいです。日本へ来たことはありますか？

アキ

Hi there,

I saw your ad on the www.pen-pal.com site. My name's Kana and I'm a graphic designer at an advertising company in Osaka, Japan. Have you ever heard of Osaka? It's near Kyoto and is famous for its delicious food and beautiful castle.

I'm in my 20s and have been working at my company since I graduated from university. I saw in your ad that you're a nutritionist. It sounds like an interesting job. Do you like it?

In my free time, I like going to cafes, talking with my friends, and shopping. I also joined a health club recently, and now I work out twice a week. How about you? Do you have any hobbies?

I'm looking forward to hearing about you and your country. If you have any questions about Japan, please let me know.

Kana

こんにちは。

www.pen-pal.com のあなたのペンパル募集を見ました。私はカナ、日本の大阪の広告会社でグラフィックデザイナーをしています。大阪のことはご存じですか？ 大阪は京都の近くで、おいしい食べ物と美しいお城が有名です。

私は20代で、大学を卒業してから、ずっと今の会社で働いています。あなたのプロフィー

ルでは栄養士だということですが、面白そうなお仕事ですね。お仕事はお好きですか？

時間があるときは、友人とカフェでおしゃべりをしたり、ショッピングをしたりしています。最近スポーツクラブに入会しました。今は週２回汗を流しています。あなたは何か趣味をお持ちですか？

あなたやあなたの国について聞けることを楽しみにしています。日本についてのご質問がありましたら、どうぞ。

カナ

☀ 使えるフレーズ

① 学校・仕事（School/job）

I'm a first-year student at Waseda University.
早稲田大学の１年生です。

I major in psychology.
心理学専攻です。

I belong to the brass band club.
吹奏楽部にいます。

I have a part-time job at an Italian restaurant.
イタリアレストランでパートをしています。

I'm a sales clerk at a clothing boutique.
洋服屋で販売員をしています。

I work at a printing company in Osaka.
大阪の印刷会社で働いています。

I've been working there for 3 years.
３年働いています。

② 故郷（Hometown）

I live in Sapporo, a big city in Northern Japan. It's famous for its snow festival and delicious seafood.
札幌に住んでいます。北日本の大都市です。雪祭りとおいしい海の幸が有名です。

I'm from Fukuoka, on the island of Kyushu in southern Japan.
福岡出身です。南日本の九州です。

I was born and raised in Kasukabe, a city in Saitama Prefecture near Tokyo.
生まれも育ちも春日部です。東京のとなり、埼玉県の都市です。

③ 趣味（Hobbies）

I'm really into yoga.
　　ヨガに凝っています。

In my free time, I enjoy going to movies, listening to music, and playing soccer.
　　時間があるときは、映画に行ったり、音楽を聴いたり、サッカーをしたりするのが好きです。

I've been studying English for about 3 years.
　　約3年英語を勉強しています。

I'm really busy with my job so I don't have much time for hobbies.
　　仕事がとても忙しいので、なかなか趣味の時間を持てません。

④ その他（Other）

My English isn't perfect, so I'm sorry if there are some mistakes.
　　英語は完璧ではありませんので、間違いがあったらごめんなさい。

I would like to improve my English, so if I make some mistakes, please feel free to correct them.
　　英語がうまくなりたいので、間違いがあったら、遠慮なく直してください。

☀ 日本の紹介

Subject: About Japan

Can I tell you a little about Japan? Japan is both modern and old-fashioned.

As you probably know, it's famous for electronics, anime, and cars, but it also has many traditions, and there are many interesting seasonal events. For example, we often go cherry blossom viewing in the spring, eat eel in the summer for stamina, have moon-viewing parties in September, or visit a shrine for good luck at New Year's.

I hope you'll be able to come to Japan someday to see the cherry blossoms!

件名：日本の紹介

私の住んでいる日本について少しお話しします。日本は新しいものと古いもの両方を大切にしています。電化製品やアニメ、車などが有名ですが、昔から続く季節の行事もたくさんあります。春には花見、夏にはうなぎを食べて精をつけ、９月には月見を楽しみます。そして新年にはいい１年になるように神社にお参りに行きます。いつか日本に桜を見に来てね。

☀ 使えるフレーズ

Japan is well-known for its beautiful shrines and temples.
日本は美しい神社やお寺が有名です。

It's said that Japanese people are shy.
日本人はシャイだとよく言われます。

In the summer, many people enjoy going to fireworks displays.
夏には花火大会を楽しむ人がたくさんいます。

One of my favorite Japanese actors is Ken Watanabe.
好きな日本人俳優は渡辺謙です。

If you ever come to Japan, be sure to visit Mt. Fuji.
もし日本に来ることがあったら、絶対富士山へ行ってね。

☀ 近況報告

Subject: Re: Greeting from Canada

Hi,

Thanks a lot for your email. Are you having a nice summer? It's really hot here in Japan! The temperature is over 30 every day, and yesterday was 38! It's really humid too. Last week, I went to Nagano prefecture and it was a little cooler there, but it was still really hot. We stayed at a hot spring resort for 2 nights and did some hiking.

I've been really busy at work recently, but I think I'll have more free time next month because I'm almost finished with the project I'm working on. The Obon summer holidays are starting next week, and I'm going to Guam for 4 days. I'm really looking forward to surfing and shopping there.

How's life in Toronto? Are you going to do a lot of fishing this summer?

Shinsuke

件名：Re：カナダからの便り

こんにちは。メールありがとう。夏を快適に過ごしてるかな？　日本はとっても暑いです！　毎日30度を超え、昨日なんて何と38度！　蒸し暑さも相当です。先週は長野県へ行ってきました。少しは涼しかったけど、やっぱり暑かったね。僕らは温泉地に２晩宿泊し、ハイキングをしたよ。最近は仕事が忙しかったけど、来月は少し時間が取れそう。ずっと携わっていたプロジェクトもほとんど終了したんだ。お盆休みが来週から始まるので、僕はグアムへ４日ほど行きます。サーフィンやショッピングをするのがとても楽しみ。トロントはどう？　釣りにたくさん行くのかな？

シンスケ

Subject: Visit to Japan

Hi Mark!

I was really happy to hear that you're coming to Japan. Of course you're welcome to stay at my place when you come here. If you tell me what time your plane will be arriving, I can come to the airport to meet you.

I can show you around in Tokyo.
It will be really great to see you again!

Atsushi

件名：日本への旅行

こんにちは、マーク！　日本に来られると聞き、大変うれしく思っています。もちろん、来日した際は、わが家へお泊りいただくことも大歓迎です。飛行機の到着時間を教えてくだされば、空港まで出迎えに行きます。

東京をご案内しますよ。

またお会いできるなんて、本当にうれしいです！

アツシ

[3] あこがれのスターへの手紙＆メール

1 英語でファンレターを出そう

　いつも映画やテレビを通して見る海外のスターたち。熱烈に応援しているその気持ちを直接伝えてみたいと思ったことはありませんか？
　ネットでファンレターのあて先を調べて、頑張って英語で書けば、あこがれのスターから返事が来るのも夢じゃない?!

STEP1　住所やメールアドレスを調べる

　まずはファンレターのあて先を調べます。**FanMail.biz** では、俳優名などからあて先の検索ができます。またスポーツ選手などは、所属しているチームの住所あてに送れば、本人に届く可能性が高いようです。公式ウェブサイトのファンメッセージ用フォームなどからメールが出せる場合もあります。

`URL` FanMail.biz ▶ http://www.fanmail.biz/

STEP2　英語で手紙を書いてみよう

　さっそくファンレターを書きましょう。まずは自己紹介を少ししてから、本文に。無理せず簡単な英語でも、大好きという気持ちは伝わります。また、より具体的に、あの映画のあのシーンがよかった、あの試合のあの活躍を見て以来のファンだ、などと伝えると、さらに印象的です。日本からのファンであることもぜひ伝えましょう。遠くの国から応援してくれているのは、スターにとってもうれしいはずです。

STEP3　返信用封筒も入れておこう

　運がよければ、サイン入り写真やクラブチームのカードなどを返してくれることもあるようです。少しでも返事をもらえる可能性を上げたい人は、自分の住所・あて名を描いた返信用封筒と、国際返信切手券（世界共通の切手券です。郵便物の大きさや重さで必要枚数が違うので、できれば2枚入れておきましょう）も同封しておきましょう。

Would you send me your photo with your autograph?
　　サイン入りの写真を送ってくれませんか？

STEP4　あて先を書いて投函する

封筒の場合、あて先は中央に大きめに、差出人の名前と住所は左上に小さめに書きます。

```
Akio Kashiwagi
1-1-1, Akasaka
Minato-ku, Tokyo
107-0001 JAPAN


                    Ms. Angelina Jolie
                    Media Talent Group
                    9200 Sunset Blvd. Suite 810
                    West Hollywood, CA 90069
  VIA AIR MAIL      USA
```

あて先に使われる略号

略号	英語表記	日本語訳
Apt.	Apartment	アパート、集合住宅
Ave.	Avenue	大通り
Bldg.	Building	ビル
Blvd.	Boulevard	大通り
c/o	in care of	～気付／～様方
Dept.	department	部署
Dr.	drive	～通り
F	floor	階
Mt.	mountain	山
Rd.	road	～通り
Rm.	room	部屋
Sq.	square	広場
St.	street	～通り／街
P.O.	post office	郵便局
P.O.box	post office box	私書箱

第2章　カジュアルなEメールのマナー

2 シンプルで気持ちの伝わるファンメール

Subject: Hi from Japan

Dear Matt,

I've been a fan of yours for years and have enjoyed your many films. My favorite is Good Will Hunting. I'm always impressed by your great acting, and I think that you always choose interesting roles.

I have seen all of your movies, and every time I see them, they really cheer me up. I'm really looking forward to your new movie next year. Keep up the good work!

Your fan,

Rika Takeda

件名：日本からこんにちは

マットさま

ここ数年あなたのファンで、映画をいつも楽しみにしています。

特に好きなのは「グッドウィル・ハンティング」です。あなたの演技と、ユニークな役選びはすごいと思います。

あなたの映画はすべて観ていますが、観るたび元気づけられます。来年の新しい映画楽しみにしています。頑張ってください！

あなたのファン

タケダ　リカ

Subject: Your biggest fan

Dear Stevie G,

I'm a big fan of yours. I live in Japan and have loved football since I was in junior high school. When I saw you play in the UEFA Champions League, I was really impressed by your passion and skill. Your quick, powerful middle shot is surprising every time. And I really think that you are the best captain in the world!

I would really love to see you play live, and I'm planning to come to England in May to see a Liverpool FC game.

Good luck, and I really hope you will be the legend of Liverpool forever!

Your biggest fan,

Keita Matsubara

件名：大ファンです

スティービーGへ

僕はあなたの大ファンです。日本に住んでいて、中学生の頃からサッカーが大好きです。UEFAチャンピオンズリーグを観て、あなたの情熱と技術に感銘を受けました。あなたの弾丸ミドルシュートにはいつもびっくりします。そしてあなたは、世界一のキャプテンだと思います！
あなたの試合を生で観たいので、5月にイギリスへ行ってリバプールFCの試合を観戦しようと思います。これからも頑張って、そして永遠にリバプールのレジェンドでいてください！
あなたの大ファン
マツバラ　ケイタ

☀ 使えるフレーズ

▶ ミュージシャン・俳優に

I've been a fan of yours since I was 12 years old.
12歳の頃からの大ファンです。

I love your beautiful blue eyes.
あなたの青く美しい瞳が大好きです。

All my friends think that you're really cool.
周りの友達はみんなあなたがかっこいいと認めてます。

I thought that The Departed was your best movie.
「ディパーテッド」はあなたの映画の中でも最高だと思いました。

Your performance in that scene really moved me.
あのシーンでのあなたの演技には本当に感動しました。

Your music always makes me feel better when I'm depressed.
あなたの音楽は落ち込んでいる時に聴くと元気が出ます。

I can't wait to buy your new album.
次のアルバムが待ち切れません。

I hope that you will come to perform in Japan again soon.
またすぐに日本に来てください。

▶ スポーツ選手に

I'm rooting for your team.
あなたたちのチームを応援しています。

I hope your team will make the playoffs again this year.
今年もプレーオフに行けることを願っています。

You've inspired me to join my school's soccer team.
あなたの影響で学校のサッカーチームへ入りました。

You're the best center-forward I have ever seen.
あなたはこれまでで最高のセンターフォワードです。

I'm always really impressed with your excellent passing.
あなたのすばらしいパスには本当に感心します。

I'm going to Barcelona to see you play this winter.
今年の冬、バルセロナにあなたの試合を見にいきます。

第 3 章

ショッピング＆
オンライン予約の Tips
海外でもっとオトクに賢く手に入れる！

日本にいればたいていのものは手に入る、と言われますが、世界中に張り巡らされたネットの中には、未知なる宝がまだたくさんあるはずです。最初は気軽に買えるものから始めて、海外ネットショッピングを楽しみましょう。

3-1 海外通販の基本を知ろう
海外通販の基礎知識を解説し、実践方法を紹介します。

3-2 トラブル回避のための基礎知識
トラブルを未然に防ぐための情報と、いざ問題が起きたときのクレーム表現を紹介します。

3-3 予約サイトを賢く使う
ホテル、レストラン、交通機関、観劇・観戦チケットの予約方法をご紹介します。

3-4 オークションにも挑戦
海外ネットオークションの基礎知識や、入札・購入の際に役立つ表現を掲載。

3-1 海外通販の基本を知ろう

1 海外通販がオトクな理由

海外通販の利点は、大きく分けると次の2つ。
* 日本未発売のものが買える
* 日本よりも安く手に入る

インターネットが普及する前の海外通販は、まず商品カタログを取り寄せて、国際電話かFAXで注文、という手順でしたが、オンラインショップのウェブサイトを利用することで手間や費用が節約でき、ぐっとハードルが低くなりました。海外通販に関するちょっとした知識と、最低限の英語力があれば、オトクなショッピングを楽しむことができます。

日本未発売のものが買える

日本にいればほとんどのものが手に入りそうですが、世界は広くまだまだ日本には入ってきていない商品がたくさんあります。

「聞いたことはあるけど日本では見かけないな」というブランドがあったら、まずはウェブサイトを探しましょう。

日本よりも安く手に入る

ものによっては日本で買うよりも安く手に入るものがたくさんあります。本やCD、軽い衣類などは日本より安く済むことが多いのですが、商品によっては、送料や関税などを合計すると、日本で買うより高くなってしまうので注意しましょう。為替レートにも要注意。できれば円高の時期を狙いましょう。

▶ **通販がオトク！**

本、CD、サプリメント、ダイエット用品、衣料（軽めのもの）、スポーツ・コンサート等のチケット

▶ **関税率が高いものは注意！**

たばこ・革製品・靴・ストッキング類 ➡ P.180

☀️賢くショッピングするための秘訣
①送料が安い店を狙う
　送料が安く設定してあるショップを使うのもひとつの手です。発送方法には国際宅配便、航空便、船便などがありますが、一般に値段と時間は反比例の関係にあります。

　特に海外への発送については、ショップにより配送の手段や料金設定が異なり、時期によっては送料割引／無料などのサービスもあるので、事前に確認しましょう。

②バーゲン時期を狙う
　海外のオンラインショップも、クリスマス前などのバーゲン時期には値段がグンと下がります。欲しいけど予算オーバーのものはウィッシュリストかお気に入りに入れておき、値下がりを待つのも手です。

③ウィッシュリストやバックオーダーシステムを活用する
　ウィッシュリストとは、アカウントを作成することで利用できるサービス。気になる商品をリストに入れることで、それらを一覧で表示することができます。そうしておくことで、2度目以降にもう一度商品を探し直す手間が省けます。

　また、バックオーダーとは、注文時に一時的に品切れになっている商品を、入荷次第送ってくるシステムです。商品のページに書いてある場合や、カートに入れてからわかる場合があります。

　複数の商品を注文した場合、通常は「在庫のある商品から先に発送（配送料が加算されることもある）」か「バックオーダー分が届いてからまとめて発送」を選ぶことができます。配送方法の指定でチェックする項目がなければ、コメント欄に書いておきましょう。

Wait until back-ordered items arrive before shipping.
　　　バックオーダーの商品がそろったときにまとめて送ってください。

④ショップからのメルマガを受け取る
　お気に入りのショップがあれば、ショップの発行している情報メールを受け取るようにしましょう。セールなどの情報がゲットできます。

2 海外通販ビギナーの心得12か条

　海外通販のビギナーでも、以下の点に気をつければ、あとでトラブルが発生する事態もずっと少なくなります。注文ボタンを押す前に必ず確認してください。

①ショップのポリシーをチェック！　➡ P.166

　返品や返金などに関するポリシー（規定）、またトラブルが起きたときの対処方法などは、あらかじめ **FAQ**（よくある質問）、**Terms and Conditions**（各種条件）、**About Us**（ショップの紹介）などのページに記載されています。

　信頼できるショッピングサイトであれば、顧客が知りたい事項はもれなくわかりやすく記載してあるはず。お店によって方針はさまざまですので、必ず目を通しておきましょう。

②日本への発送を行っているかチェック！

　いくらお気に入りの商品があったとしても、日本への発送を行っていなければ購入はできません。注文フォーム内で発送先に日本を選択できるか、発送先リスト（**international shipping**）に日本があるかをきちんと確認しましょう。

　"Shipping: Currently, items can be shipped only within the U.S."（配送：現在、この商品は米国国内のみ配送可能です）といった記述がある商品はNG。間違って注文したとしても「日本への発送は行っておりません」というようなメールが来ますが、万が一代金が引き落とされてしまうと、あとの対処が面倒になるので気をつけましょう。

③輸入規制品でないかチェック！

　食品、植物、刃物などの中には、輸入できないものがあります。ワシントン条約で絶滅危惧種に指定されている動物の皮・角などが使われた製品も規制の対象となり、罰せられることがあるので注意しましょう。

　日本の法律で禁じられているドラッグ類は、当然輸入できません。知らずに買ってしまった場合も罰せられることがありますので十分注意してください。また、一度に個人輸入できる数量に上限が設けられている商品もあります。医薬品（ダイエット食品なども含む）は2か月分、ビタミン剤などのサプリメン

トは4か月分、育毛剤、コスメ、香水類は24個まで、のような規制があります。ショップからその旨を伝えてくれる場合もありますが、なるべく自分自身で気にかけておきましょう。

④支払方法とSSL機能をチェック！ ➡ P.174, 179

海外通販の代金支払いには、銀行振込や小切手、PayPalなどの手段もありますが、現在はクレジットカード（Visa、Master、Amexなど）が主流です。海外への送金はかなりの手数料と手間がかかるので、安全性に十分気をつけながら、クレジットカードを賢く使いましょう。

クレジットカードの情報はもちろん、住所・氏名などの個人情報を入力・送信する場合は、SSL（Secure Sockets Layer：暗号化の規格）に対応したフォームであるか、必ず確認すること。ページのURLが「**https://～**」になっている、ブラウザに閉じた錠前のアイコンが表示される、がポイント。

⑤衣料品はサイズをチェック！ ➡ P.172

衣料品のサイズ違いはやってしまいがちなミス。先方の手違いであれば無料で交換してくれるはずですが、こちらの間違いであれば、返送料はこちら持ち。いくら安く買えてもサイズ交換の送料がかかってしまっては意味がありません。

海外のサイズを十分にチェックして、cm単位に直してだいたいの目安をつけましょう。XS、S、M、L、XL、…で表記され具体的な大きさがわからない場合は、心配ならショップに問い合わせましょう。一般的には、日本の基準より1サイズ大きめのことが多いようです。

Could you give the actual measurements in centimeters?
詳しい寸法をセンチメートルで教えていただけますか？

身長と体重を伝えると、大丈夫かどうか返答してくれる場合もあります。

My height is 5'10" and my weight is 152 lbs.
私は身長5フィート10インチで、体重は152ポンドです。

⑥配送にかかる日数をチェック！ ➡ P.176

国際宅配便の普及により、海外からの荷物もずいぶんスムーズに到着するようになりましたが、やはり多少の遅れはありがちです。特にクリスマスシーズ

ンは、発送にかなりの時間がかかります。クリスマスプレゼントとして購入する場合は12月に入る前がお勧め。クリスマス後のセール期、独立記念日の前後などはアメリカ国内の運送機能が遅れ気味になる、ということも頭に入れておきましょう。

8月に注文した水着が9月末に届いた…など、必要な時期に手に入らないのでは意味がありません。注文ページに記載された到着までの日数を確認するとともに、かなりの余裕を見越して待ちましょう。

⑦支払代金がはっきりしないときは見積もりを出してもらう ➡ P.109

大手のオンラインショップであれば、商品をショッピングカートに入れると価格、税、送料、各種手数料の合計が自動的に表示されます。それを利用できれば一番いいのですが、中堅ショップもしくは個人経営のサイトだとそうした機能がない場合も。そういう場合は、注文を確定する前に、見積もりを出してもらうとかなり安心です。

「見積もり依頼見本」を参考にメールしてみましょう。あとでびっくりする額を請求されるというトラブルを防げます。

⑧なるべく100ドル以内に収める ➡ P.180

課税価格が1万円以下の場合は、一部適用外の品目を除いて、関税・消費税は免除されます。

関税は、基本的には商品価格、保険料、送料等の合計金額を課税価格として課税されますが、郵便小包で送られてくるものについては、個人使用目的の特例で、課税価格は卸売価格程度（販売価格の60〜80%）に低く設定されます。

お買い得の商品を見つけたら、ついまとめ買いしたくなるのが人情ですが、税金や送料を節約し、また万が一のトラブルに備えるためにも、最初のうちは1回のショッピングの上限は、100ドルまたは1万円をめやすとしましょう。

⑨高価な物・壊れやすい物には保険を！

長い道のり、さまざまな人の手によって配達されます。特に高価な物や壊れやすい物を買うときには、最初に保険をかけておくと安全です。発送方法によりかけ方や追加料金は異なるので、ショップのポリシーを確認しましょう。

⑩ショップからのメールは即チェック&保存！

　ショップからの「自動注文確認メール」「注文受付メール」は必ずすぐに確認しましょう。「どうせ内容確認だろう」と高をくくってはいけません。操作ミス（特に多いのがダブルクリックによる重複注文）による注文間違いなどがあればここで確認でき、訂正することができます。時間が経ってしまうと正式発注となり取り消せなくなる場合もあります。

　メールの中には「在庫がなくなってしまいました」「発送まで時間がかかります」などの重要なお知らせがあるかもしれないので、注意が必要。

　迷惑メール対策をしていると、海外からのメールが自動的に迷惑メールフォルダに入っているということもよくあります。海外通販の注文をした後は、しばらくは迷惑メールボックスも気をつけて見るようにしましょう。

　また、注文内容やショップとのやりとりのメールは、商品が無事に届くまで必ず保存しておくこと。商品が届かないとき、注文内容が違っていたときなどに重要な証拠として提出できます。

⑪届いた荷物はすぐにチェック！

　商品が届いたことに安心し、しばらくそのまま放置してしまう人が多いようです。しかしいざ箱を開けたら「品物の内容・個数が違う！」「中身が壊れてる！」ということもありえます。クレームの連絡は早いに越したことはないので、まず自分の注文した品物が正しく無事に届いたかを確認すること。

　包装を開封するときは、荷物についているインボイス（送り状）もていねいにはがし、代金の引き落としが無事にすむまで大事に保管しておきましょう。

⑫クレームは早めに！　➡ P.113, 185

　「商品が到着しない」「商品が破損している」などの問題が起きた場合、できる限り早く連絡を取って対処すること。あとになればなるほど原因追及がしにくく、またショップによっては返品期間が定められているので、それを過ぎるといかなる理由があっても対処不可能ということも。

　とりあえず、「問題が起きた」ということを伝えるだけでも、アクションをすぐに起こすようにしましょう。

3 最初は安心感の高いサイト・商品でお試し

☀ なじみのあるサイトを利用する

　Amazon、Yahoo! など世界的なオンラインショップは、どの言語のサイトでもシステムやページの構成がほぼ共通しているので、初心者でも安心して利用できます。日本のカスタマー向けに、発送可能な商品や配送方法などをまとめたヘルプページを設けているサイトもあります。

　特に Amazon は、商品への補償がしっかりしています。「商品が破損していた」「注文してからだいぶ経つのに商品が到着しない」というときは、「注文履歴」（order history）から「事故の報告」と対処が要請できるようになっています。「詳細」「コメント欄」「メッセージ」は、おおむね 200 文字以内で説明するようになっているので、簡単な英文でも対応してくれるはずです。

There's a scratch on the DVD case.　　DVD のケースに傷があります。
The lyrics sheet is torn.　　歌詞カードが破れていました。
I ordered it one month ago, but it hasn't arrived yet.
　　商品を 1 か月前に頼んだのに、まだ来ません。

　カスタマーセンターのスタッフが確認次第、対応方法を返信してくれます。

▶ 新品を送ってくれる場合

We are very sorry about the problem. We will send you a new one right away.
　　誠に申し訳ありませんでした。すぐに新しいものを送らせていただきます。

▶ 返金してくれる場合

We are very sorry for the inconvenience, but the item you ordered is currently out of stock. Your money will be refunded to your account. You will receive an email as soon as the transaction has been completed.
　　このたびは大変失礼いたしました。あいにく在庫切れのため、お客さまの口座へ返金させていただきます。手続きが済み次第、またメールでご連絡いたします。

　到着した商品に不備があった場合、本来ならば返品しますが、日本からの返

送料は高いので、よほど高価なもの以外は返品不要の場合が多いようです。

You do not need to return it. 　　返品は不要です。

As the cost of return of the package is prohibitively expensive in this case, we ask that you keep the item with our compliments.
Perhaps you would wish to donate it to a school or library in your area if you felt it would be appropriate to do so.

> 返品の際、送料が非常に高くなってしまいますので、謝罪の気持ちも込めて、お客様のほうでお引き取りください。
>
> もしよろしければ、お住まいの近くの学校もしくは図書館などに寄付していただければと思います。

❖確実にオトクな商品は本、CD、DVD

現地の本、CD、DVDは、日本で同じものを買うより安いことが多く、関税もかかりません。日本のAmazon.co.jpに入荷していない商品なら、海外のAmazonを利用する価値大です。また、簡単に壊れてしまうものではないので配送時のトラブルが少なくて安心です。

日本のAmazon.co.jpと、アメリカのAmazon.com、イギリスのAmazon.co.ukなどで、同じ商品の価格を比較してみるのも一興。特に本家Amazon.comでは、商品によってはかなり割安に買えることが多いようです。欲しいものをいくつかまとめ買いして、送料を節約しましょう。イギリスは現在ポンド高の情勢もあって、価格の点ではほとんどメリットがありませんが、日本に輸入されていない現地の本・雑誌やレアなCDが見つかる可能性も。

☀ 映像商品はリージョンコードと映像方式に注意！

　DVDはリージョンコードと映像方式の違いに注意しましょう。

▶ リージョンコード

　DVDには販売地域によりリージョンコードがあり、映像方式が同じ北米や韓国のものでも、そのまま日本のテレビでは見ることができません。どうしてもテレビで見たい場合は、リージョンフリーのDVDプレーヤーが必要です。パソコンのDVDドライブのリージョンコードを変更することは可能ですが、回数が制限されていて、5回程度でドライブ側のコードが固定されてしまいます。

DVD

リージョン1	北米など
リージョン2	日本、ヨーロッパ、中近東など
リージョン3	韓国、台湾、東南アジアなど
リージョン4	中南米、オセアニアなど
リージョン5	ロシア、アフリカなど
リージョン6	中国

ブルーレイ（BD）

A	日本、韓国、台湾、東南アジア、北米、中南米など
B	ヨーロッパ、中近東、アフリカなど
C	中国、ロシア、インド、オセアニアなど

▶ 映像方式

　テレビの映像（放送）方式は主に3種類あります。

NTSC	日本、韓国、東南アジア、北米、中米など
PAL	中国、東南アジア、ヨーロッパ、中近東、オセアニアなど
SECAM	フランス、ロシア、アフリカなど

　DVDをパソコンのDVDドライブで再生する場合は、映像方式は関係ないので、リージョンコードが日本と同じヨーロッパのDVDは、回数制限なく見ることができます。

　同じ映像方式の北米のビデオテープであれば、日本でも再生可能です。

　欲しいビデオがPAL方式、SECAM方式でしか手に入らない場合は、日本国内でNTSC方式に変換してダビングしてくれるサービスや、世界の方式に対応するビデオデッキも販売されています。

☀ そのほかのお勧め商品

　衣料品、リネン類、カレンダーなどは配送時に破損しにくく、料金も手頃なので、いいものを見つけたら海外通販を試してみるチャンスです。

☀ 注意する商品

- **食器類**…かわいくて上質なものが多く、特に高級ブランド品はとても割安で魅力的ですが、破損しやすいのも事実。配送や補償の対応がしっかりしたショップを選びましょう。
- **家具**…日本で買うより価格は低く設定してありますが、送料が高くなります。よほど気に入った物以外は避けたほうが無難です。
- **電化製品**…まずは日本の規格に合っていて、かつ日本に発送してくれるかどうかを確認しましょう。
  Does it work in Japan? 　日本でも使用できますか？

- **関税・消費税免除が適用外の商品**…課税対象額の合計（商品代金・手数料・送料の合計）が1万円以下の商品は関税・消費税が免除されますが、「皮革製バッグ、手袋、履物、ストッキング、革靴、編物製衣類（Tシャツ、セーター等）など」はその適用外となります。たとえば革靴の場合、関税は「30％または1足当たり4,300円のいずれか高いほう」と極めて高額なので、買う前によく考えましょう。　➡ P.180

4 海外通販の基本的な流れ

　ショップによって手順はさまざまですが、大まかに分けて下記の8ステップを踏みます。海外通販の仕組みと流れをつかむ参考にしてください。

①お気に入りのショップを探す
☞ワンポイント！
　価格そのものや、サービスはお店によってまちまち。自分にとってオトクで安心なサイトをいくつかピックアップして比較検討してみましょう。

②お目当ての商品を選ぶ→ショッピングカートに入れる
　お目当ての商品が見つかったらさっそくショッピングカートに入れましょう（**Add to cart/bag/basket**）。数量、色などに間違いがないか気をつけてチェックしましょう。

☞ワンポイント！
　日本では「ショッピングカート（買い物かご）」でほぼ統一されていますが、アメリカでは、shopping bag/shopping basketなどという表記もよく見られます。

③注文を確定
　ショッピングカートには選択した商品が表示されています。そこで再度確認。
　不要なものが入っている、または入力間違いがあれば、この時点で削除および訂正しましょう。

☞ワンポイント！
　check out　レジ画面へ進む／ **remove**　削除・取消／ **modify**　訂正
　product name　商品名／ **quantify**　数量／ **sub total**　小計
　handling charges　手数料／ **shipping charges**　送料／ **total**　合計

④**サインイン**　sign in

　個人情報に進む前にたいてい「サインイン画面」が出てきます。サインインしなくては購入できないショップ、サインインしなくてもいいショップが存在します。

▶ すでに登録が済んでいる場合　You are already registered.
　メールアドレス（アカウント名）とパスワードを入力してレジ画面へ

▶ 登録が済んでいなくて、登録したい場合　you want to register
　登録画面へ進む。

👉 **ワンポイント！**

* First Name	名前	Hanako
* Last Name	姓	Yamada
* E-mail	メールアドレス	hanako@atoz.co.jp
* Verify email	アドレスの確認	hanako@atoz.co.jp
* Password	パスワード	
* Verify password	確認のためもう一度入力	
*ZIP/Postal code	郵便番号（ハイフンは入れないで OK）	1500001
* Birth date	生年月日	
*Title	Ms. / Mrs. / Mr. / Dr. を選ぶ	
	（Gender: 性別　Female/ Male の場合も）	

*Subscribe to ABC.com emails
　メールマガジンを受け取る場合はチェックを入れる

☐ **We'll let you know about exclusive sales and events, both online and in your local store.**
　オンラインまたはお近くのストアで、セールやイベントの情報があればお知らせします。

* Verify age　年齢の確認
☐ **Check here to verify you are at least 13 years old.**
　13 歳以上の方はボックスにチェックを入れてください。

▶ 登録は済んでいないが、しないで購入する場合
　shop without registering, checkout unregistered を選んでレジ画面へ。

⑤送付先情報を入力　Enter a new address

東京都渋谷区恵比寿 2-20-1 ABC ビル 101 号
山田花子の場合

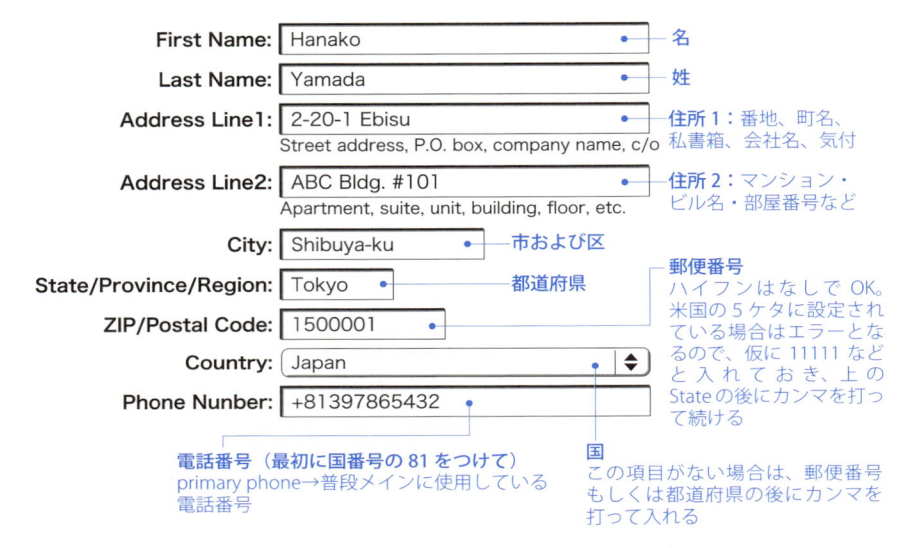

First Name:	Hanako	名
Last Name:	Yamada	姓
Address Line1:	2-20-1 Ebisu	住所1：番地、町名、私書箱、会社名、気付
	Street address, P.O. box, company name, c/o	
Address Line2:	ABC Bldg. #101	住所2：マンション・ビル名・部屋番号など
	Apartment, suite, unit, building, floor, etc.	
City:	Shibuya-ku	市および区
State/Province/Region:	Tokyo	都道府県
ZIP/Postal Code:	1500001	郵便番号 ハイフンはなしで OK。米国の 5 ケタに設定されている場合はエラーとなるので、仮に 11111 などと入れておき、上の State の後にカンマを打って続ける
Country:	Japan	国 この項目がない場合は、郵便番号もしくは都道府県の後にカンマを打って入れる
Phone Nunber:	+81397865432	電話番号（最初に国番号の 81 をつけて） primary phone→普段メインに使用している電話番号

👉ワンポイント！

住所は基本的に「日本とは逆順に書く」と覚えておきましょう。あまり難しく考えなくても、日本国内で配達する人が理解できれば OK です。

- 都道府県は地名のみで表記することが多い。その他の行政区分の名称（市、郡、町、村、区）は、ローマ字（とハイフン）で表記するのが一般的。prefecture、city のように英語で書く必要はない。

北海道	**Hokkaido / Hokkai-do**
高知県	**Kochi / Kochi-ken**
大阪府	**Osaka / Osaka-fu**
新潟市	**Niigatashi / Niigata-shi**
勝浦郡	**Katsuuragun / Katsuura-gun**
日の出町	**Hinode-machi**
白川村	**Shirakawamura / Shirakawa-mura**

・建物名は必ずしも書かなくてよい。部屋番号は番地の後にハイフンを入れて続けるか、#を付けて表記する。
　　　2丁目3番4号　田中ハイツ302号　　　2-3-4-302 / 2-3-4 #302

・「○○様方」は、c/o（care of の略）で表記する。
　　　鈴木方　　　c/o Mr.（または Ms.）Suzuki

⑥カード情報を入力　Enter your card information

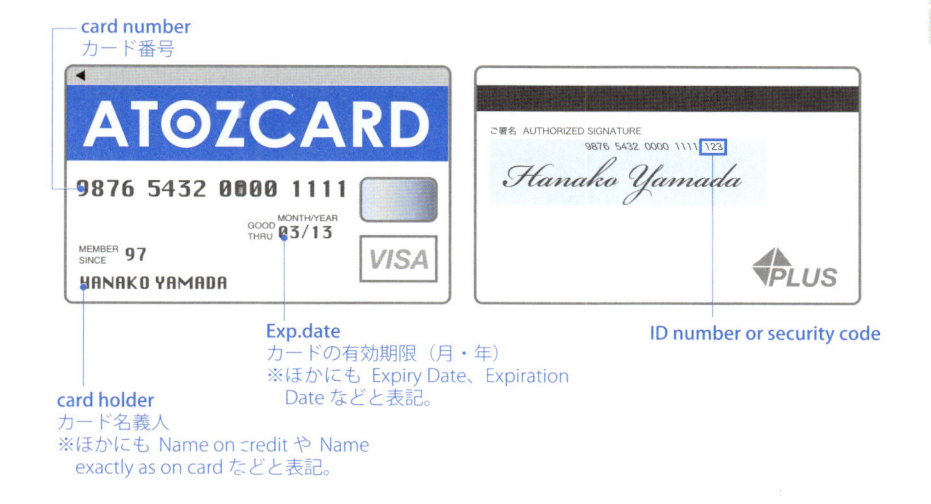

card number
カード番号

Exp.date
カードの有効期限（月・年）
※ほかにも Expiry Date、Expiration Date などと表記。

ID number or security code

card holder
カード名義人
※ほかにも Name on credit や Name exactly as on card などと表記。

👉ワンポイント！

credit card type：カードの種類
Visa、Master、Amex などカード会社の種類。
通常プルダウンメニューから選択します。

ID number or security code：カード裏面の署名欄上に印刷された、19ケタまたは7ケタの数字のうち、末尾3ケタの数字のことです。カードの種類によっては、カード番号右上に4ケタで表記されているものもあります。わからない場合はカード会社へ問い合わせましょう。ほかにも **Card Verification Value/Number**、**CVC**、**CVV**、**CVV2** などと表示されることがあります。

⑦**注文内容を確認**　Review your order
・商品名
・個数
・合計金額
・支払方法
・届け先
・あて名
・合計金額
・カード入力情報

などが確認のために表示されます。
すぐに完了ボタンを押さずに、きちんと合っているか確認しましょう。
特に商品の個数は間違えやすいので要確認。
確認できたら、送信（**submit**）ボタンを押して注文を確定しましょう。

⑧**受付確認の画面**
送信ボタンを押すと、注文確定の旨が表示されます。

Your order has been successfully completed. Your order number is KB04325.
　　　ご注文は完了しました。お客様の注文番号は KB04325 です。

受付確認画面は、パソコンに保存しておくか、プリントアウトをしておきましょう。受注確認メールが届かないときなど、問合せ番号があるとスムーズです。

❖ エラー画面
▶ 入力漏れ

Please ensure that you have selected a size and/or color and/or type for each item you are trying to purchase. Then click Add to Shopping Bag again.

> ご注文商品のサイズ、色、種類をお確かめください。よろしければクリックしてショッピングバッグに再度追加してください。

▶ カードが期限切れ

Your credit card has expired.

> カードの有効期限が切れています。

▶ パスワードの不備

The password that you have entered is incorrect.

> パスワードに不正な文字が使用されています。

※全角の記号・スペースなどを使うとエラーになるので注意。

▶ 入力が不完全

We're sorry. The fields highlighted below must be completed before we can process your request.

> 申し訳ありません。お手続きを進めるために、ハイライトされている部分を正しく入力してください。

▶ メールアドレスの不一致

Your first email address entry didn't match your second entry. Please try again.

> 最初のメールアドレスと2度目に入力したアドレスが違っています。もう一度やってみてください。

5 ショッピングサイトの必須単語

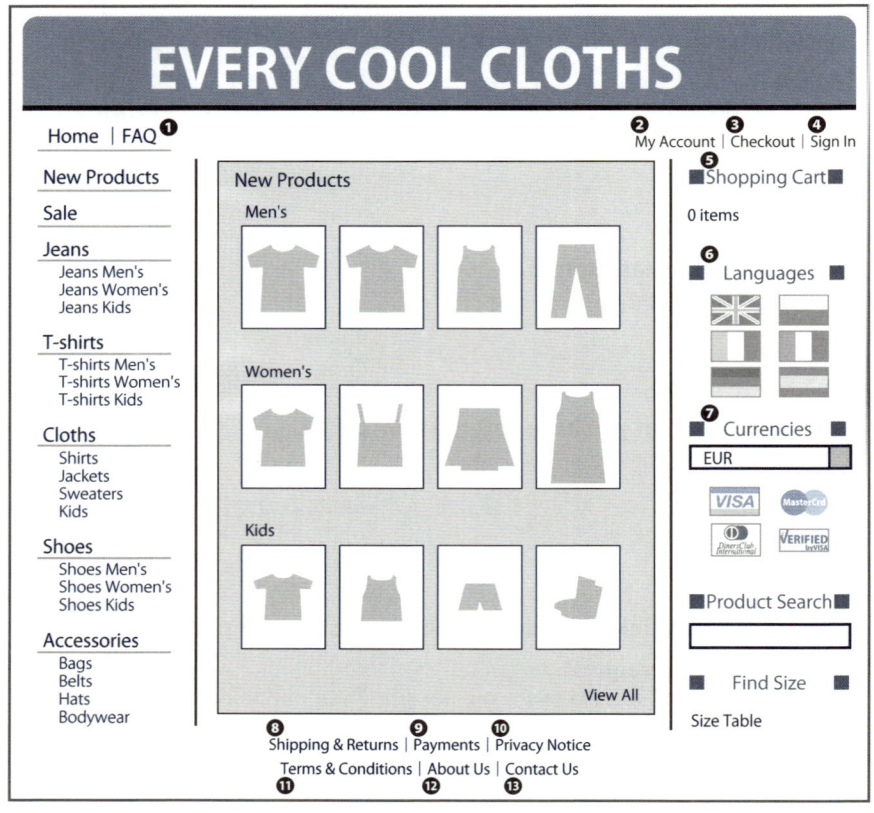

EVERY COOL CLOTHS

Home | FAQ ❶
❷ My Account | ❸ Checkout | ❹ Sign In

New Products
Sale
Jeans
　Jeans Men's
　Jeans Women's
　Jeans Kids
T-shirts
　T-shirts Men's
　T-shirts Women's
　T-shirts Kids
Cloths
　Shirts
　Jackets
　Sweaters
　Kids
Shoes
　Shoes Men's
　Shoes Women's
　Shoes Kids
Accessories
　Bags
　Belts
　Hats
　Bodywear

New Products
Men's
Women's
Kids
View All

❺ Shopping Cart
0 items

❻ Languages

❼ Currencies
EUR

Product Search

Find Size
Size Table

❽ Shipping & Returns | ❾ Payments | ❿ Privacy Notice
⓫ Terms & Conditions | ⓬ About Us | ⓭ Contact Us

基本単語

- ❶ **FAQ** よくある質問
- ❷ **My Account** アカウント
- ❸ **Checkout** 会計
- ❹ **Sign In** サインイン
- ❺ **Shopping Cart** 買い物かご
- ❻ **Languages** 使用言語
- ❼ **Currencies** 使用通貨
- ❽ **Shipping & Returns** 配送と返品
- ❾ **Payments** 支払方法
- ❿ **Privacy Notice** 個人情報の取扱規定
- ⓫ **Terms & Conditions** ショップ規約
- ⓬ **About Us** ショップの概要
- ⓭ **Contact Us** 連絡先

A

your account　アカウント情報（パスワードなどの設定変更、注文履歴など）
add to my wish list　ウィッシュリストに追加
add to shopping cart　買い物かごに入れる
amount　合計金額
associate program　アソシエイト・プログラム（アフィリエイトと同じ仕組み）

B

bestsellers　売れ筋商品
billing　請求
billing address　請求先住所
B/O（back order）　入荷待ち
browsing history　閲覧履歴

C

cancel　キャンセル
categories　カテゴリー
　　Clothing　衣類
　　Electronics　電気製品
　　Computers　パソコン
　　Home & Garden　家庭用品とガーデニング用品
　　Green　環境に優しい商品
　　Jewelry & Watches　ジュエリーと時計
　　DVDs, Music & Books　DVD、音楽、本
　　Sale Items　セール品
　　Toys & Baby　おもちゃと赤ちゃん用品
　　Fragrances & Beauty　香水と化粧品
　　More Categories　その他
check this out　お買い得、必見
COD（Cash On Delivery）　代金引換システム
complete satisfaction　完全保証
conditions of use　使用条件
confirmation　確認
continue shopping　買い物を続ける

courier　クーリエ（宅配便会社）
customer service　カスタマーサービス

D

damage　破損
damaged item　破損した商品

E

estimate　見積もり
exchange　交換
exchange policy　商品の交換条件
expiration date, Exp.date　カードの有効期限

F

for advertisers　広告に関して（そのサイトに広告を出すといくらかかるかなど）
for businesses　商用
Forgot your password?　パスワードをお忘れの方
free shipping　送料無料
full refund　全額払戻し

G

gear　衣類、衣料品
gifts　誰かに贈り物として送る
gift wrapping　ギフト包装（無料と有料の場合がある）

H

handling charge　梱包手数料、取扱い手数料

I

infant　0歳児、乳児
in stock　在庫あり
international shipping　海外発送
investor relations　IR情報（投資家向け広報活動）
invoice　納品書・送り状

K

keyword search　キーワードで検索する

M

method of payment　支払方法

N

new born baby　新生児
new user sign up　新規ユーザー登録
not available, N.A.　入手困難／在庫なし
Not Bob Smith.　（ボブ・スミスさんでなければ）ログアウト

O

order　注文
order number　注文番号
order status　注文状況

P

press release　プレスリリース（メディア向け情報）
product code　商品番号
protect the privacy of personal information　個人情報の守秘
purchase price　購入価格

Q

quantity　数量

R

RA number（Return Authorization number）　返品確認番号
rebates　払い戻し
redeem or buy a gift certificate　商品券を使う／買う
return an item　商品を返品する
remove from shopping cart　買い物かごから除く

S

search by brand　ブランド名で検索する
search by store　支店を検索する
sell your stuff　不用品お売りください
ship out　出荷する
shipping address　配送先
sold out　売り切れ、在庫なし
surcharge　追加料金、手数料
surface, surface mail　船便

第３章　ショッピング＆オンライン予約の Tips　**169**

T

today's deals　特別セール

toddler　2〜4歳児

total amount/price　合計金額

tracking number　荷物追跡番号

track your recent orders　注文した商品の追跡（"Where's my stuff?"）

V

view shopping cart　買い物かごを見る

visit our help department　ヘルプデスクへ

W

wish list　ウィッシュリスト（欲しいもの、気になる商品をブックマークすること）

6 数に関する表現いろいろ

　数の表記は国によってまちまちですし、使われている単位も違うので気をつけましょう。洋服のサイズもよくわからなかったら、お店に直接聞いてみるのが一番です。

☀主な度量衡の単位

単位	日本の単位に換算	英文表記	主な用途
inch	1インチ＝ 2.54cm	1″	衣類
foot	1フット＝ 30.48cm	1′	雑貨
yard	1ヤード＝ 91.44cm	1yd	リネン類
pound	1ポンド＝ 453.6g	1lb(s)	薬、サプリメント
ounce	1オンス＝ 28.35g	1oz	液体類
Fahrenheit	華氏 32F°＝摂氏 0℃	1F°	気温、料理

👍ワンポイント！

　Google 電卓機能を使うと、簡単に単位の換算ができます。

　日本語のトップページで、以下の例のように具体的な数値と単位を入力してウェブ検索するだけで、ヤード・ポンド法とメートル法の換算結果を表示してくれます。

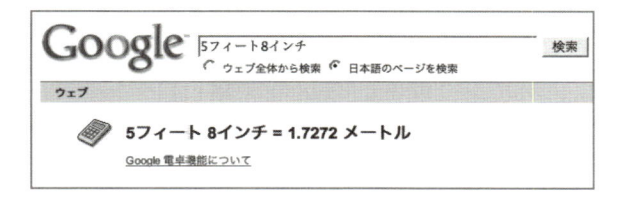

```
Google  [5フィート8インチ]  [検索]
        ○ ウェブ全体から検索 ● 日本語のページを検索

ウェブ

   🖩  5フィート 8インチ = 1.7272 メートル
       Google 電卓機能について
```

☀ 衣料品のサイズ対応表

婦人服

日本（号）	5	7	9	11	13	15	17	19	21	23
アメリカ	XS		S		M		L		XL	
	2	4	6	8	10	12	14	16	18	20
イギリス	XS		S		M		L		XL	
	4	6	8	10	12	14	16	18	20	22
フランス	34	36	38	40	42	44	46	48	50	52

婦人靴

日本（cm）	22	22.5	23	23.5	24	24.5	25
アメリカ	5	5½	6	6½	7	7½	8
イギリス	3	3½	4	4½	5	5½	6
フランス	35	35	36	37	38	38	39

紳士服

日本	S		M	L		LL
アメリカ	34	36	38	40	42	44
イギリス	34	36	38	40	42	44
フランス	1		2	3	4	5

紳士靴

日本（cm）	25	25.5	26	26.5	27	27.5	28
アメリカ	7½	8	8½	9	9½	10	10½
イギリス	6½	7	7½	8	8½	9	10
フランス	40	41	42	42	43	43	44

　ここに挙げたものはあくまで目安です。メーカーによってサイズは変わってくるので、サイトに掲載されたサイズ表をよく確認し、迷う場合はメールで確認してみましょう。

☀ 日付の表現

　日付の書き方はアメリカ英語とイギリス英語では異なるので、読み間違いに注意してください。

"May 10, 2008"のように、月は英語で書くと安全です。

日本　　：西暦年／月／日　YY/MM/DD
　　　　　2008年3月18日→2008/3/18
アメリカ：月／日／西暦年　MM/DD/YY
　　　　　March 18, 2008 → 3/18/2008
イギリス：日／月／西暦年　DD/MM/YY
　　　　　the 18th of March, 2008 → 18/3/2008

◆通貨の表現

単位		コード	1/100 補助単位	国名
円	Yen ¥	JPY	銭	日本
ドル	Dollar $		セント	アメリカ（USD）、カナダ（CAD）、オーストラリア（AUD）、香港（HKD）、シンガポール（SGD）、ニュージーランド（NZD）、台湾（TWD）
ユーロ	Euro €	EUR	セント	オーストリア、ベルギー、キプロス、フィンランド、フランス、ドイツ、ギリシャ、アイルランド、イタリア、ルクセンブルグ、マルタ、オランダ、ポルトガル、スロベニア、スペイン（2008年1月現在）
ポンド	Pound £	GBP	ペニー	イギリス
フラン	Franc	CHF	ラッペン	スイス
ウォン	Won	KRW	チョン	韓国
元	Yuan	CNY	分	中国

☞ワンポイント！

通貨の換算もGoogleでスピーディーに。換算率は参考レートです。

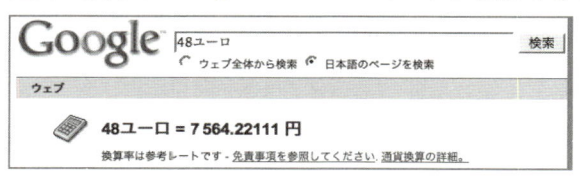

48ユーロ = 7 564.22111 円

3-2 トラブル回避のための基礎知識

1 クレジットカードを安全に使う

☀ クレジットカードここが安心！

　クレジットカードだから、必ずしも安全というわけではありません。しかし、正しく使用すれば、最も手軽・確実かつ、万が一のトラブルに強い決済方法は、実はクレジットカードです。トラブルが発生したとき、現金や小切手を返金してもらうのはかなり困難ですが、クレジットカードであれば「請求の取消」を行うことができる場合もあります。使用するカードの保障・免責範囲は事前に把握しておきましょう。カード会社に問い合わせるか、ウェブサイトの保障制度の項目などで確認できます。

☀ クレジットカードここに注意！

　代金の引き落としまで時間があるとつい忘れがちですが、特に海外通販でカードを使用したときは、毎月の請求明細を必ず確認しましょう。請求元、請求金額、為替レート（通常は決済したときのレートによる）などをこまめにチェックしておけば、万が一身に覚えのない請求があっても迅速に対応できます。最も注意する必要があるのは、クレジットカードの詳細をはじめとする個人情報が不正に利用されないようにすることです。SSL で保護されていないページでは、クレジットカードの番号を絶対に入力しないこと。➡ P.179

　SSL を導入していない個人経営のショップ・ホテルなどにどうしても情報を送る必要があるときは、先に連絡方法を問い合わせ、電話や FAX を使いましょう。➡ P.178 メールの本文に住所・氏名などと一緒に書いてしまうのは、極めて危険です。

　そのほか、普段クレジットカードを使うときと同様に、カードの支払上限額や有効期限を確認すること。万が一決済できなかったときの対応も当然英語で行うことになります。トラブルは未然に防ぎましょう。

2 クレジットカード以外の支払方法

☀ アメリカでは一般的な PayPal（ペイパル） URL https://www.paypal.com/

クレジットカードや口座番号の情報を相手に知らせずに、インターネット上で簡単に決済できるサービスです。送金手数料は無料で、特にアメリカでは、ショッピングやオークションの決済に広く利用されており、支払方法を PayPal に限定している場合もあります。

PayPal のサイトは日本語表示も可能で、国内向けの電話によるカスタマーサポートも完備しています。海外通販に慣れてきたら利用してみては？

☀ その他の送金方法
①銀行から電信送金を利用する

時間はあまりかからず送金できますが、かなりの手数料がかかります。銀行によって幅がありますが、3,000 ～ 5,000 円が相場のようです。また入金先の銀行でも手数料がかかりますので、各金融機関に確認してから利用しましょう。送金の際には窓口で身分証明書の提示が必要となります。

② Money Order（国際郵便為替）を利用する

郵便局の窓口で為替を作成してもらい、自分で金融機関に郵送する方法です。郵送方法は自分で選べますが、EMS（国際スピード郵便）など追跡可能なもので送ると安心です。手数料は 2,000 円前後（相手国によって異なる）。購入の際には窓口で身分証明書の提示が必要となります。

③トラベラーズチェックを購入して送る

銀行窓口でトラベラーズチェックを発行してもらい、それを自分で金融機関へ郵送します。トラベラーズチェック発行手数料、為替手数料、郵送費がかかります。これも金融機関により違いますので、よく確認してください。また米ドルであれば随時在庫がありますが、カナダドル、ユーロ、ポンドなどはあらかじめ予約が必要な場合がありますので、余裕を持って手続きをしましょう。

3 配送方法もいろいろあります

　注文した品物は、航空便、船便などさまざまな輸送方法で届けられます。それぞれメリット・デメリットがありますので、自分の都合や希望に合わせて選びましょう。

☀ 航空郵便　air mail
　１〜２週間で届く。荷物の追跡システムはなし。

☀ 国際スピード郵便　global express mail
日本では EMS（Express Mail International Service）
　数日〜１週間で届きます。船便に比べると高めですが、追跡システムにより、注文メールに記載されたトラック番号を専用サイトに入力すると、荷物の場所確認することが可能。商品代金500ドルまでは無料で保険加入可能。

☀ 国際宅配便　courier
　FedEx、DHL、UPS などが日本でも一般的なクーリエです。日本到着後すぐに通関手続きをして配達されます。出国先や会社によって差がありますが、早くて３〜４日、遅くても１週間ほどで配達されます。
　料金は航空郵便よりも高めのことが多いです。追跡システムで荷物の状況を確認できます。

☀ 船便　surface mail
　船を使って配送されるため、１か月以上かかります。その分値段は割安です。重量があるもの、時間がかかってもいいものなどに向いています。

　配送方法・料金の規定はショップによってまちまちです。必ず shipping や international shipping の項目を確認し、もし不明な点があれば、注文前にショップに尋ねるようにしましょう。

I'd like to order item #12345. Could you tell me how much shipping to Japan would cost?
商品番号 12345 を注文したいのですが、日本への発送はおいくらになりますか？

❖ 配送方法と料金の例

▶ アメリカ Amazon.com の日本への配送例

Standard International Shipping（通常便）：商品の出荷から到着まで
10 〜 16 営業日

Expedited International Shipping（急送便）：商品の出荷から到着まで
8 〜 10 営業日

Priority International Shipping（特急便）：商品の出荷から到着まで 2 〜 4 営業日
商品のカテゴリが複数ある場合は、最も高い料金が適用される。
配送料金合計＝ 1 配送当たりの料金＋ 1 商品当たりの料金×商品数

商品のカテゴリ	1 配送当たりの料金			1 商品当たりの料金		
	Standard	Expedited	Priority	Standard	Expedited	Priority
本、ビデオテープ、ソフトウェア、テレビゲーム、ジュエリー、衣料品、靴、赤ちゃん用品、おもちゃ	$4.99	$9.99	$19.99	$3.99	$3.99	$6.99
CD、DVD、カセットテープ、レコード	$4.99	$9.99	$19.99	$2.99	$2.99	$2.99
自動車部品、コンピュータ、エレクトロニクス、食品、ホーム＆パーソナルケア、キッチン、アウトドア、道具類	$7.99	$9.99	$19.99	重量 1 ポンド当たり$1.99	重量 1 ポンド当たり$1.99	重量 1 ポンド当たり$1.99
本（特別注文）	$4.99	$9.99	$19.99	$5.98	$5.98	$8.98

▶ イギリス Subsidesports.com（サッカーショップ）のアジア地域への配送例

Royal Mail（航空郵便）：商品の出荷から到着まで 2 〜 3 週間
Parcelforce（航空小包）：商品の出荷から到着まで 5 〜 7 日
DHL（宅配便）：商品の出荷から到着まで 3 〜 5 日

商品の価格	Royal Mail	Parcelforce	DHL
100 ポンドまで	£10	£20	£16
200 ポンドまで	不可	£20	£20
300 ポンドまで	不可	£25	£25
300 ポンド超	不可	£30	£30

ともに 2008 年 3 月現在の規定。料金および日数は、各種条件によって変動する可能性があります。

第 3 章　ショッピング＆オンライン予約の Tips

4 国際電話をかける

早急な対応が必要なとき、やはりてっとり早いのが電話です。注文書をFAXで送るときにも必要な、国際電話のかけ方をおさらいしておきましょう。

☀以下の順番で番号をダイヤル
①事業者コード
   NTTコミュニケーションズ：0033　　KDDI：001
   ソフトバンク：0061　　ソフトバンクテレコム：0041
   ＊固定電話でマイライン（プラス）登録をしている場合や、IP電話および携帯電話からの場合は、この手順は省く。
②国際電話の識別番号 010
③国番号
   アメリカ・カナダ：1　イギリス：44　オーストラリア：43　日本：81
④市外局番（頭に0があれば抜く）
⑤市内局番・加入者番号
   例 ソフトバンクを使って、アメリカ・ニューヨークの212-123-4567にかける場合
   0061-010-1-212-123-4567
   ＊国際電話をかける機会が多い人は、Skypeを利用すると大幅に安くなります。

   URL SkypeOut ▶ http://www.skype.com/intl/ja/allfeatures/callphones/

☀かける前に「時差」をチェック！
国際電話をするときに気をつけたいのが「時差」です。
「日本との時差はサマータイム中は○時間で…」などと計算しなくても、英語版Google.comで「time 都市名」と入力して検索すれば、その時点の相手先の時間が素早くわかります。

Web

12:21pm Wednesday (PDT) - **Time** in **Seattle**, Washington

5 セキュリティを常に意識する

☀ SSL はオンラインショッピングに不可欠

　日本のショッピングサイトでも「このページは SSL によって暗号化されています」というメッセージを見たことがあるでしょう。この SSL とは、Secure Sockets Layer の略で、インターネット上の情報を暗号化してやりとりするためのプロトコル（規約）です。

　SSL で保護されたページに入ると、アラートが表示される、また、URL が「**https://** ～」で始まっている、閉じた錠前（鍵）のアイコンが表示される（表示位置はブラウザの種類やバージョンにより異なる）ことで確認できます。

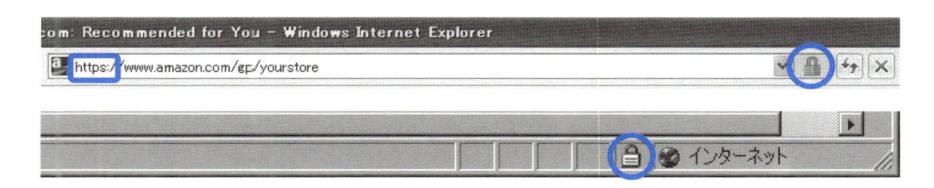

☀ 個人情報を保護しているサイトか確認する

　大半のオンラインショップでは、安心して購入できるように、privacy notice/privacy policy のページで「個人情報は守ります」と記載されています。

ABC Shopping does not rent, sell, or share personal information about you with other people or other companies.

> ABC ショッピングは、お客様の個人情報を第三者もしくは他社に貸し出し、販売、共有することはいたしません。

☀ セキュリティに関する必須単語

personal information 　個人情報
protection, guard 　保護
cover 　適用
treat 　取扱い
internet fraud 　ネット詐欺

6 税金のことを知る

☀ 海外通販で支払う可能性のある税金類
①関税　　　②通関手数料　　　③消費税　　　④酒税などの内国税

・簡易税率とは、課税価格が10万円以下の郵便物を含む少額貨物に対して適用される関税率で、個人輸入の場合はほとんどがこの税率で課税されると考えられます。

> **注意** **適用外の品目**
> 食肉調製品、革製品、ハンドバッグ、ニット製衣類、履物など

・課税価格が1万円以下の場合は、一部適用外の品目を除いて、関税・消費税は免除されます。

> **注意** **適用外の品目**
> 皮革製バッグ、革製手袋、履物、パンティストッキング、タイツ、革靴、編物製衣類（Tシャツ、セーター等）

・関税は、基本的には商品価格、保険料、送料等の合計金額を課税価格として課税されますが、郵便小包で送られてくるものについては、個人使用目的の特例で、課税価格は卸売価格程度（販売価格の60～80％）に低く設定されます。

・国際宅配便で配送される場合は、配送業者が通関手続きを代行します。郵便に比べて安い金額でも関税を課税される確率が高く、通関手数料も高めになります。

郵便小包の場合：荷物1つにつき200円
国際宅配便の場合：会社により異なる

主要品目別関税率および簡易税率の目安

（JETRO ウェブサイトより抜粋：2004 年 1 月 1 日現在）

区分	品目	関税率（％）	簡易税率（％）
衣料品	毛皮のコート	20.0	20.0
	外衣類（織物）	9.1 ～ 12.8	10.0
	下着類（織物）	7.4 ～ 10.0	10.0
	セーター	9.1 ～ 10.9	適用外
	ネクタイ（織物）	8.4 ～ 13.4	10.0
ハンドバッグ	革製	8.0 ～ 14.0	適用外
アクセサリー	金製	5.4	5.0
	銀製・プラチナ製	5.2	5.0
時計	腕時計・その他の時計	無税	無税
履き物	革靴	30％または¥4,300／足のいずれか高いほう	適用外
光学機器	カメラ・撮影機	無税	無税
楽器	弦楽器・吹奏楽器	無税	無税
記録物	レコード・テープ・CD	無税	無税
美術品	肉筆の書画・版画・彫刻	無税	無税
趣味用品	玩具・人形・模型	無税～ 3.9	3.0
化粧品	香水・オーデコロン・化粧水・化粧品	無税	無税
飲料	ウーロン茶	17.0	15.0
	紅茶（小売用のもの）	12.0	適用外
	インスタント・コーヒー	8.8	適用外
洋酒類	ウィスキー（750mℓ入り）	無税	無税
	ワイン（750mℓ入り）	15％または¥125／ℓの低いほう　最低¥67／ℓ	¥70／ℓ
スポーツ・レジャー用品	乗用自動車・オートバイ	無税	無税
	スキー用具・ゴルフ用具（ゴルフバッグを除く）	無税	無税
	釣り用具	3.2	3.0
家具類	家具	無税	無税
	腰掛け（革張り）	無税	無税
敷物	じゅうたん	7.9 ～ 8.4	5.0
	毛皮製の敷物	20.0	20.0
台所用品	陶磁器	2.3	無税
	ガラス器	3.1	3.0
	金属食器	無税～ 3.0	無税～ 3.0
寝具類	毛布	5.3 ～ 9.0	5.0
	ふとん・マットレス	3.8	3.0
建築物	プレハブ住宅	無税	無税

7 FAQ の正しい読み方

　FAQ とは、Frequently Asked Questions（頻繁に寄せられる質問）の頭文字です。多くの利用者が同じような質問をすると予想されるとき、それらの質問に対する答えをあらかじめ用意してあるページです。メールで聞く前にここに自分の疑問がないかチェックしてみましょう。わざわざメールで尋ねるよりも、答えがすぐそこにあるので時間の節約になります。

☀ FAQ の例

Q: Do you ship abroad?
　海外への発送はしていますか？

A: If your country is not listed on our country list, please email us at info@maru.maru.com and we will provide you with additional information.
　もしお客様の国がリストになかったら、info@maru.maru.com までご連絡ください。詳細を追ってご連絡いたします。

Q: Is my information secure using this site?
　このサイトでは個人情報のセキュリティシステムはありますか？

A: Our Secure Software (SSL) is the industry standard and among the best software available today for secure commerce transactions. It encrypts your credit card number so that it cannot be read as the information travels over the Internet.
　私たちの使用している SSL システムは、企業標準でありおよび今日最も安全な商用処理に利用可能なソフトウェアです。それがインターネット経由で読まれないように、クレジットカード番号などの情報を暗号化します。

Q: What forms of payment do you accept?

利用可能な支払い方法の種類は？

A: We accept Visa, Mastercard, Discover, American Express, Money Order and PayPal.
You can pay via checking account using PayPal.
Customers using money orders must fill out this form linked here.

私どもは、Visa、Mastercard、Discover、American Express、マネーオーダー、およびPayPalを受け付けております。

PayPalのチェックアカウントにて支払い可能です。

マネーオーダーを使用するお客様は、ここにリンクされたこのフォームに記入してください。

Q: When does my credit card get charged?

代金の引き落としはいつになりますか？

A: Your credit card is not charged until the day the item is shipped.

代金は商品が発送されるまで引き落とされません。

Q: How do I exchange or return a product I bought online?

ネットで買った商品の交換もしくは返品はどのようにすればいいですか？

A: Exchanging or returning a product is very simple: you can take the product to your local store or send it back to us in the mail.

交換もしくは返品方法は至ってシンプル。小売店にお持ちいただくか、送り返してください。

Q: I lost my user ID or password.

IDもしくはパスワードを忘れました。

A: Don't worry if you have forgotten your password. Just enter your email address below (it's the same as your login name) and we'll email you a temporary password.

パスワードを忘れた場合もご心配なく。以下にメールアドレスを入力するだけです（ログイン名と同じです）。お客様に仮パスワードをメールでお知らせします。

Q: Can I ship to multiple addresses?
複数のあて先へは送れますか？

A: Yes. Just choose "Ship to Multiple Addresses" in Checkout. When you ship items to multiple addresses, we will add $6.00 for each additional address.
はい、可能です。チェックアウト画面で「複数のあて先に送る」を選択してください。１つの住所当たり６ドルの追加料金がかかります。

Q: There is an item on the site I wish to purchase, but I don't see my size/color. Is it available?
欲しい商品があるのですが、サイズ／色が見当たりません。入手することはできますか？

A: No. The site shows only the colors and sizes currently in stock. Once a particular color or size is sold out, that option is removed from the product page.
いいえ。在庫にあるものだけをオンラインストアで紹介しております。なくなりました色やサイズに関しましては、商品ページより削除させていただいております。

Q: Can I cancel my order?
注文はキャンセルできますか？

A: In our continuing effort to provide our customers with the quality service they expect, the order process begins as soon as you confirms your order. As a result, we are unable to cancel an order once confirmation has been made.
われわれのサービス向上理念といたしまして、確定いただいた商品はすぐに処理することになっております。そのため、一度確定いただいた商品はキャンセル不可となっております。

8 クレームの表現いろいろ

　クレームや問合せは、なるべく時間が経たないうちにアクションを起こしましょう。対処してもらうことが最終目的であって、相手とケンカするのが目的ではないということを念頭に置いてメールを出すのを忘れずに。相手も人間ですので、最初からケンカごしだと、戻るものも戻らなくなったり、後回しにされたりする可能性もあります。

・名前
・購入した商品
・購入日

　を明記したうえで、「何が問題で」、「どう対処してもらいたいか」を具体的に書くようにしましょう。 ➡ P.113

☀ クレームメールに使えるフレーズ

▶ 基本フレーズ

I ordered these items on March 18.
　3月18日にこれらの商品を注文しました。

My order confirmation number is 667878543.
　注文受付番号は667878543です。

I have sent several emails, but I haven't received a reply yet.
　何度かメールを送りましたが、まだ返信をいただいていません。

I think there has been a mistake with my order.
　注文に何か間違いがあると思うのですが。

Please contact me ASAP.
　至急ご連絡ください。

I am extremely dissatisfied with your service.
　あなたがたのサービスには非常にがっかりです。

Is it possible for you to call me? My number is 81-(0)3-3356-7689.
　可能ならばお電話いただけませんか？　番号は81-(0)3-3356-7689です。

Is this the correct email address for the customer service department?
　カスタマーサービスのメールアドレスはこちらでよろしいでしょうか？

Could you please put me in touch with someone from the customer service department?
　　カスタマーサービス部担当者のどなたかに取り次いでもらえますか？

On May 2, I received an email from a woman named Sarah Jones, who said that my order had been shipped.
　　５月２日に私の頼んだ品の出荷連絡を、サラ・ジョーンズという女性の方からいただきました。

▶ **商品が届かない、破損している**

My order has still not arrived.
　　注文した商品がまだ届きません。

I have been waiting for my order for more than three weeks.
　　３週間以上前に注文した品が届いていません。

I was wondering if my order has gotten lost.
　　商品が紛失したのではないかと思うのですが。

When will you be able to ship my item?
　　商品はいつ頃出荷していただけそうですか？

I have not received a confirmation email for my order.
　　注文確定メールをいただいていません。

The item that I ordered was damaged during shipping.
　　注文した商品が、配送中に破損してしまいました。

The packaging slip says that the item is included, but it was not in the box.
　　伝票には記載されているのですが、荷物の中には入っていません。

I would like to return one of the items that I ordered because it is damaged.
　　注文したうちのひとつの商品が破損していたので返品したいのですが。

I would like to return my order, but I cannot find the receipt.
　　返品したいのですが、レシートがありません。

What is your return policy?
　　返品条件はどうなっていますか？

There are several stains on the sleeve of the blouse.
ブラウスにいくつかのしみがあります。

How long will it take to repair the item?
商品の修繕にはどのくらいの時間がかかりますか？

Is the warranty valid in Japan?
保証は日本でも有効ですか？

I never ordered this item.
注文した覚えがないのですが。

I cancelled my order two weeks ago, but the item showed up yesterday.
２週間前にキャンセルした商品が、昨日届いてしまいました。

▶注文した商品が違う（色、サイズ、素材）

I ordered a red necktie, but the one you sent me is blue.
赤いネクタイを注文したのですが、青が送られてきました。

I think that you made a mistake with my order.
注文違いだと思うのですが。

I ordered a medium, not an extra-large.
Ｍサイズを頼んだのに、エクストララージが来てしまいました。

The fabric is too itchy.
布地がちくちくします。

The fabric is a different color than the one in the photograph.
布の色が写真で見たのと違うようです。

The item you sent me does not look like the one in the photo.
送っていただいた商品が写真とは違うようです。

▶支払いに関する問題

You seem to have billed my credit card twice for the same item.
クレジットカードの支払いが二重に引き落とされているようです。

The amount on my credit card statement is too high.
カードの請求額が高すぎるようです。

I think that you charged me the wrong amount.
引き落とし額が違うようです。

My credit card has been billed, but I did not receive the item.
　　代金は引き落とされたのに、商品はまだ届きません。

Your website says that the item's cost includes shipping. Why was I charged extra?
　　ウェブサイトでは送料込みとなっていましたが、別途費用がかかっているようです。

▶ 返品・交換したい

I would like to return this item.
　　この商品を返品したいのですが。

Please refund my money.
　　返金をお願いいたします。

Is it possible to exchange it for another item?
　　違う商品との交換はできますか？

Is it possible to return something that has been opened?
　　開封したものでも返品できますか？

I know your website says that it is not possible to return items, but would it be possible to exchange it for a different model?
　　返品不可能なのは承知ですが、別の型に交換することはできますか？

3-3 予約サイトを賢く使う

1 ホテルを予約する方法

　海外旅行するとき、旅行会社のパッケージツアーは手軽で楽かもしれませんが、行きたい場所・泊まりたい宿が決まっていて、スポーツの試合観戦や好きなアーティストのライブなど、自由に行動したいこだわり派の人もいますね。そんな人たちにとって便利なのがやはりネット予約。ウェブサイトを上手に利用すれば、中間マージンを抑えることができ、オトクに手作り感覚の旅行を楽しむことができます。

☀ ホテルの予約3つのパターン
　ホテルを予約するには、大まかに分けて以下の3つの方法があります。

①予約サイトを利用する
　世界中のホテルを予約できる専門サイトは数多くあります。日本人利用者の多さに比例して、日本語で申し込めるサイトが増えていますが、中には自動翻訳調でかえってわかりにくい場合も。そんなときは英語ページを見てみましょう。また、予約可能なホテル・部屋、料金プランなどはサイトによって異なるので、いくつか見比べて自分のニーズに一番合ったものを探しましょう。

▶**海外ホテル予約サイト（いずれもトップページで使用言語が選べる）**
`URL` Booking.com ▶ http://www.booking.com/
　　　Expedia ▶ http://www.expedia.com/
　　　venere.com ▶ http://www.venere.com/
　　　Octopus Travel ▶ http://www.octopustravel.com/
　　　Rates To Go ▶ http://www.ratestogo.com/

②ホテルチェーンのサイトを利用する

　大規模なホテルチェーンはほとんどウェブサイトを持っています。特にヒルトン、シェラトン、インターコンチネンタル、フォーシーズンズなど世界的にチェーン展開している大規模なホテルグループのウェブサイトは使いやすく作られていて、外観、内装、客室の様子などもチェックできます。多くのサイトは日本語が選択できるのも安心。ホテルごとのキャンペーン料金や、期間限定の割引料金など、サイトでしか得られない情報も載っているので、見逃さないようにしましょう。

▶予約フォーム例

Reservations: Advanced Search
Search by: City | Near An Address | Airport | Hotel Name

Search by City 都市で検索

- City ＿＿＿＿＿ 市
- State/Province 州
- Country 国

チェックイン・チェックアウト（月／日／年）

- Check in　MM/DD/YYYY
- Check out　MM/DD/YYYY
- Room(s) 部屋数
- Adults per Room　1室当たりの宿泊人数（大人）

Search ▶

Select additional features to narrow your search results.

Hotel Type ホテルのタイプ

- ☐ Airport
- ☐ City Center
- ☐ Golf
- ☐ Ski
- ☐ Beach
- ☐ *Condé Nast Traveler* Award Winner
- ☐ Spa

Hotel Features and Amenities ホテル内の設備とサービス

- ☐ Club Room
- ☐ Suites in Hotel
- ☐ Pets Allowed
- ☐ Outdoor Pool
- ☐ Business Services
- ☐ Airport Shuttle
- ☐ Sweet Sleeper
- ☐ High Speed Internet Access
- ☐ Wheelchair Accessible
- ☐ Child Care
- ☐ Indoor Pool
- ☐ Fitness Center
- ☐ Meeting/Event Facilities
- ☐ Parking Garage
- ☐ Convention/Conference Center

③個人経営ホテル・プチホテルなどを予約する

　小さなホテルでもウェブサイトを持つところが増えています。しかし、ウェブ上にメールアドレスやFAX番号が記載されているだけで、予約の旨を伝えるメールもしくはFAXを出す必要があるところもあります。

▶メール・FAX 予約の手順
　1）必要事項を記入したメールもしくはFAXを送る。
　2）宿泊可能な部屋の種類や支払い方法などが書かれた返答が来る。
　3）希望の部屋、支払い方法を書いて返送する。
　4）予約受付完了メールや予約確認FAXが送られてくるので保管しておきましょう。

Subject: Room reservation

Dear（名前）

We are going to be travelling to England this summer from Tokyo.

I would like to reserve a room for（人数）**people from**（チェックイン日）**to**（チェックアウト日）**for**（泊数）**nights.**

Hanako Yamada
+81-00-0000-0000
hana@atoz.co.jp

件名：部屋の予約

○○様
今年の夏に東京からイギリスへ旅行予定です。
○月○日から○月○日まで○泊、○人部屋の予約をお願いします。
ヤマダ　ハナコ
+81-00-0000-0000
hana@atoz.co.jp

☀ ホテル予約で使えるフレーズ

▶ 予約時

What's the rate per night?
　　1泊おいくらですか？

Do you have any less expensive rooms?
　　もう少し安い部屋はありますか？

How many days' notice do I have to give if I want to cancel my reservation?
　　キャンセルは何日前まで可能ですか？

I would prefer a room with a view.
　　景色がいい部屋がいいのですが。

Is it possible to put in an extra bed?
　　エクストラベッドを入れることは可能ですか？

Could I check out a little later?
　　チェックアウトの時間は延長できますか？

Is the bed a double or semi-double?
　　ベッドの形態はダブルですか？　セミダブルですか？

Do you have any cribs available?
　　ベビーベッドの貸出しはありますか？

Could you please let me know the check-in and check-out times?
　　チェックインとチェックアウトの時間を教えてください。

Is breakfast included in the price?
　　朝食の料金は含まれていますか？

I would like to cancel my reservation.
　　キャンセルさせてください。

Do you offer parking discounts for guests?
　　宿泊客への駐車場の割引サービスはありますか？

Are there any discount plans available?
　　お得なプランはありますか？

▶ 到着後

I'd like to check in.
　　チェックインをしたいのですが。

I made a reservation from Japan.
　　日本から予約をしました。

I made a reservation by email.
　　メールで予約をしました。

I'm going to stay for two nights.
　　（今日から）2泊する予定です。

Can you change my room to a twin?
　　部屋をツインに変えることは可能ですか？

▶ 満室だった場合の返答

Thank you very much for your response to my request for a reservation. I understand that there is no room available on the day I requested.

Unfortunately, I can't change my plans, so I must make other accommodation arrangements.

Thank you very much.

Hanako Yamada

予約リクエストへの返信ありがとうございます。希望日が満室だということは了解いたしました。
残念ながら日程を変更することはできないので、こちらで別のプランを考えます。
ありがとうございました。
ヤマダ　ハナコ

2 ホテル予約のカテゴリー別必須単語

☀ 周辺の環境

area map　地域地図
destination guides　現地ガイド
transfers and shuttle services　乗り換えおよびシャトルサービス
travel insurance　旅行保険
activities　アクティビティ（スキューバダイビング、サーフィン、パラセーリングなど）
overlooking the ocean　海の眺望
5 minutes from the airport　空港より5分
convenient to shopping　買い物に便利
about this neighborhood　近隣について

☀ 部屋の種類・設備

hotel features　ホテルの特徴
recently renovated　リフォームしたて
rooms　部屋の種類
　　single　シングル
　　double　ダブル（ダブルベッドが1つ）
　　semi-double　セミダブル
　　twin　ツイン（ベッドが2つ）
　　triple　トリプル（ベッドが3つ）
　　suite　スイート（寝室、浴室、応接室などがついた豪華な部屋）
　　luxury suite　豪華スイート
　　connecting room　続き部屋
extra bed　エクストラベッド
cot　簡易ベッド（イギリスでは幼児用ベッド）
crib　幼児用ベッド
shared bath/toilet　共用浴室・トイレ
bathtub　バスタブ付
free Internet　ネット無料サービス
complimentary internet access　無料インターネット接続

free Internet in every room　全室ネット無料
wireless internet　ワイヤレスインターネット完備
laundry service　洗濯サービス
free luggage storage　荷物保管無料サービス
reception: 24 hour　受付は24時間体制
room safe　室内にセーフティーボックスあり
safety deposit box　（フロントに）貸し金庫あり
currency converter　両替機

☀︎ 料金

average nightly rate　平均料金
web only fares　ネット特別価格
best price　格安の値段
net price　正価
no hidden costs　チャージなし
guaranteed　保障
Save up to 30% when you book with cheaphotels.com.
cheaphotels.comでオンライン予約をすれば30％オフ。

☀︎ 予約

Card Security Code　カードの裏に書いてある番号の最後の3ケタ
cancellation policy　キャンセル条件
sort by ...　～順に表示
price　価格
hotel name　ホテル名
city　町
hotel class　ホテルのクラス
narrow your search　絞込み検索
checking availability　空室を検索中
number of persons　人数
contact email　メールの連絡先
time of arrival　到着時間

Book online or call 01-123-4567.
オンライン予約か 01-123-4567 までお電話を。

required fields　必須項目
last minute packages　当日割引（直前予約）
deposit　前金・予約金
... nights　〜泊
per person　1人当たり
smoking preference: non-smoking/smoking　禁煙／喫煙
check out date　チェックアウト日程
book now　今すぐ予約する
rooms & rates　部屋と料金
view/cancel reservation　予約確認／予約取消し
user agreement　ユーザー同意書
credit card safety　クレジットカードの安全性保証
24 hr customer care　24時間サービス体制
additional Requests　追加リクエスト
special offers　キャンペーン

☀**食事**

dinning　お食事
buffet breakfast included　朝食バイキングつき
free continental breakfast　コンチネンタル朝食無料（パンと飲み物が中心）
breakfast available　朝食利用可能
hot breakfast　温かい朝食つき（卵料理やソーセージなど温かい料理がつく）

☀ ホテル・部屋のタイプ

- **inn**　イン
  通常、民宿や小さなホテルをさし、比較的安価。
- **motel**　モーテル
  自動車利用客を中心とした簡易宿泊施設。特に北米に多い。
- **condominium**　コンドミニアム
  アパートメント形式。キッチン等が付属していて現地での生活が味わえる。
- **B&B**　B&B
  宿泊（Bed）と朝食（Breakfast）が付いた宿泊施設。特にイギリスに多い。
- **petit hotel**　プチホテル
  「小さいホテル」の意味で、ヨーロッパに多い。
- **chateau hotel**　シャトーホテル
  古城をホテルに改造したもの。ヨーロッパに多い。
- **cottage**　コテージ
  一戸建てになった宿泊施設。自然を楽しむことができる。
- **villa**　ヴィラ
  コテージのさらに高級感のあるもの。
- **single**　シングル
  シングルベッドが1台の1人用客室。
- **double**　ダブル
  通常、ダブルベッド1台を備えた2人用の客室。
- **twin**　ツイン
  通常、ベッドを2台備えた2人用の客室。
  ヨーロッパでは、**double** と **twin** はともに「2人用の客室」で、明確な区別がない場合が多く、ベッドの形状（マットが1つか2つか、2つのベッドがくっついているか離れているか、など）はホテルにより異なります。
- **suite**　スイート
  寝室、浴室、応接室などがついた豪華客室。
- **connecting room**　コネクティング・ルーム
  続き部屋。家族やグループで利用する。
- **penthouse**　ペントハウス
  最上階に位置する客室。

- **ocean view room**　オーシャンビュー・ルーム
  海が見える位置にある客室。
- **oceanfront**　オーシャンフロント
  客室の正面が海で、オーシャンビュー・ルームの中でも最高の位置にある部屋。
- **partial ocean view**　パーシャル・オーシャンビュー
  海の一部が望める客室。
- **garden view**　ガーデンビュー
  庭を部屋から楽しめる客室。
- **city view**　シティビュー
  街を一望できるような客室。夜景などがきれいな部屋。

☀ **ホテルの評価**
　cleanliness　清潔
　facilities　設備
　service　サービス
　location　立地条件
　pricing　値段

● 確認メールの例

Your reservation has been completed. If you have any questions, please feel free to reply directly to this email.

Confirmation #: 051484447
CUSTOMER INFORMATION

Keiko Sato
1-2-3 Motomachi, Chuo-ku
Tokyo JP 123-0001
Phone: 090-1234-5678

Manhattan Hotel
23 Broadway Avenue
New York, New York
Phone: 1-123-123-4567

Check in: Wednesday, January 02, 2008
Check out: Thursday, January 03, 2008

1 Night(s)
1 Room(s): Double
2 Adults
Rate per Room per Night:
Wednesday, January 02, 2008 - 10,006

Tax Charges And Service Fees: 1,473
Total: 11,479
Your credit card will be charged in Japanese yen (JPY) for the full amount of this transaction.
These rates are for your convenience. The actual rates when converted to your local currency on your credit card statement may vary.

Check-in Instructions:

* Your credit card will be charged for the full amount upon submission of your booking request.
* Any requests for bed types or smoking preferences will be submitted to the hotel but are not guaranteed.
* Room pictures may be different from your actual room.
* A photo ID must be presented when you check in.
* The rates listed on this homepage are available only to customers who book through our website or call our reservations center.

ご予約完了いたしました。ご質問がありましたら、ご遠慮なくこのメールへご返信ください。

確認番号：051484447
お客様情報

サトウ　ケイコ
〒123-0001 東京都中央区本町1-2-3
電話番号：090-1234-5678

マンハッタンホテル
ニューヨークブロードウェイ通り23
電話：1-123-123-4567

チェックイン：2008年1月2日（水）
チェックアウト：2008年1月3日（木）

1泊
ダブル1部屋
大人2人
1泊料金：1月2日（水）10,006
税、サービス料　1,473
合計：11,479
お客様のクレジットカードよりこの合計金額が日本円で引き落とされます。
お知らせしたレートはご参考までに。実際は現地のレートに準じて変更されるため、カード請求金額が変わる可能性があります。

チェックインに際して
＊お申し込みいただいたリクエストの金額全額を、お客様のクレジットカードに請求させていただきます。
＊ベッドの種類もしくは喫煙に関しては考慮されますが、保障はされません。
＊部屋の写真は実際の部屋とは異なる場合があります。
＊チェックインには写真付きの身分証明書が必要です。
＊ウェブサイト上の料金は、ウェブサイトからのお申込み、もしくは当ホテル予約センターにお申し込みいただいた場合にのみ適用されます。

☀ キャンセルに関するポリシーの例

```
Cancellations or changes may be made until 6:00 PM (Eastern Standard
Time) on the day of arrival.
Cancellations or changes made less then 24 hours prior to 6:00 PM
(Eastern Standard Time) on that date are subject to a 20 percent
penalty.
No refunds will be made for no-shows or early checkouts.

Thank you for using this service.
We look forward to serving you in the future.
```

キャンセルおよび変更は、到着の日の午後6時00分（東部標準時）まで受け付けます。
当日の午後6時00分（東部標準時）より24時間を切ってしまうと、20％の違約金をいただきます。
予約放棄もしくはチェックアウト日繰上げは返金不可能となります。

ご利用ありがとうございます。お会いできるのを楽しみにしております。

3 レストランの予約

　グルメガイドに掲載されるようなレストランは、ウェブサイトがありネット予約が可能なところも増えています。お目当てのお店があれば、前もって予約しておくと、現地で余裕を持って楽しめます。

☀ 使える単語と表現

cuisine　料理
dress code　ドレスコード
　　casual　日中の服でOK。場所によってはTシャツ・短パンなどは避ける。
　　resort casual　男性はえり付シャツ、長ズボン、女性はワンピースなど。
　　informal　フォーマルではないものの、おしゃれに気を遣う。
　　formal　男性はタキシードかダークスーツ、女性はドレスアップ。
　　black tie　礼装
　　white tie　正装
hours of operation　営業時間
payment options　支払方法
cash　現金
TC　トラベラーズチェック
cheque　小切手
executive chef　総料理長
accepts walk-Ins　予約なし可能
public transit　公共輸送機関
Do you accept JCC cards?　JCCカードは使えますか？
What is the dress code?　ドレスコードはありますか？
What is the average cost of a meal including drinks?
　　ドリンクを含んだ平均価格はいくらですか？
I would like to make a reservation for three people on June 17, around 6 PM, please.　6月17日の6時頃3名で予約したいのですが、いかがでしょう？
Do you have any tables available on the evening of the 17th?
　　17日夜の予約はできますか？

4 交通機関の予約

 がっちり予定を決めすぎないのも旅の醍醐味ですが、確実に座席を取りたい長距離列車や人気の豪華寝台列車、またヨーロッパや北米の中近距離を早く格安で移動するためのエアラインなどは、事前にネットで予約する必要があります。出発地・目的地から最短・最安ルートを複数検索できるなど、紙の時刻表より使いやすい機能を備えた予約サイトも多くあるので、旅のプランづくりにはチェックしておいて損はありません。

鉄道の単語

reservations 予約
schedules 予定表
routes 経路
deals お得な情報
hot deals earn rewards お得な料金
fare finder 料金検索
destination 目的地
select destination 目的地を選ぶ
one-way trip 片道
round-trip 往復
multi-city trip 他都市周遊
regional pass 区間乗車券
country-wide pass 1か国周遊パス
first class seat/car 1等車
second class seat/car 2等車
dining car 食堂車
sleeper, sleeping accommodations 寝台列車
youth pass 若者割引パス
itinerary 日程・旅程
trip duration 乗車時間
train schedules 電車時刻表

☀ エアラインの単語

departure date 出発日
return date 帰国日
number of passengers 搭乗人数
book flight フライト予約
time tables 時刻表
travel insurance 旅行保険
fare 運賃
Do not include taxes and charges. 税および手数料は含みません。
check in online オンラインチェックイン

☀ レンタカーの単語

economy 通常クラス
compact 小型車
mid-size 中型車
full-size 大型車
mini van ミニバン
convertible コンバーチブル
sports utility スポーツタイプ
vehicle type 車種
models 車種
drop off （レンタカー）乗り捨て
drop off fee （レンタカー）乗り捨て料金
full insurance coverage 全保障の保険
Can I drop the car off in Boston?
　　ボストンで乗り捨てることはできますか？

☀ 格安航空の魅力

　ヨーロッパのライアンエアーやイージージェット、アメリカのサウスウエストなどは料金が格安なため人気が高まっています。たとえばライアンエアーは、時期によっては 0.01 ユーロ（約 1.6 円）や 9.99 ユーロ（約 1,600 円）のバーゲン価格を設定しています。

販売店を置かずに大半をネットや電話で業務を行うことにより格安料金を実現。早朝や夜間の不便な時間帯が中心、郊外の空港を使用する、機内サービスを最低限に抑えるなど、安さには相応の理由があるので、自分のニーズに合うものであるかをきちんと検討する必要があります。

● 使える表現

I would like to make a reservation for two adults on the 9:30 bus from Chicago to Boston, please.
9時半出発のシカゴ発ボストン行きのバスを大人2名お願いしたいのですが。

What is the luggage allowance for each passenger?
乗客1人当たりの手荷物の制限はどのくらいですか?

Do I need to make a reservation?
予約は必要ですか?

Can you send the tickets by courier to Japan?
チケットは日本へ発送していただけますか?

How early do I need to be at the station?
By what time do I need to get to the train station?
駅にはどのくらい前に行かないといけませんか?

I'd like one smoking and one non-smoking seat.
禁煙の席と喫煙の席を1つずつ取りたいのですが。

Where do I need to transfer?
どの駅で乗り換えればいいのですか?

What's the flight time from Chicago to Los Angeles?
シカゴからロスまではどのくらいの時間がかかりますか?

I'd like a two-way plane ticket from New York to Canada.
ニューヨークとカナダの往復航空券を買いたいのですが。

Are 16-year olds considered adults?
16歳の子どもは大人料金になりますか?

I'd like one window seat.
窓際の席を1枚お願いします。

How can I pick up my ticket?
チケットの受取方法を教えてください。

5 観劇・観戦チケットの獲得術

　団体ツアーの間の自由時間や、ホテルのチェックインまでの時間など、普段見られないミュージカルや演劇を楽しむのはいかがでしょう？　また、海外スポーツのビッグゲーム観戦を目的とした旅行も楽しいものです。
　チケットの入手法はいくつかありますが、目当てのものを見たいのであれば、やはりネットで事前に取っておいたほうが安心です。

● チケット代理店を利用する

　日本のぴあやプレイガイドのように、コンサートやイベント、試合のチケットを扱っている代理店があります。世界的に有名なのは、**Ticketmaster**（チケットマスター）。アメリカ国内のチケットについては、JTBと契約し、日本語で購入可能。それ以外の地域では各国のチケットマスターで直接購入します（2008年3月現在）。

URL Ticketmaster ▶ http://www.ticketmaster.com/
　　JTB 海外エンタテインメントチケット ▶ http://www.jtb.co.jp/tm/

☀ チケットマスター利用の注意点

①時間制限に注意
　チケットマスターでは仮予約の手続きをしている間、ほかの人が同じ席のチケットを取ることはできません。そのため時間制限が設けられているので、予約前に入力方法をよく確認しておきましょう。

②チケット料のほかに手数料がかかります
　表示されているチケット代金のほかに手数料がかかることを忘れないでください。公演がキャンセルになったときなどでも、手数料は戻りません。

③予約時に使用したクレジットカードを携帯する
　チケットは通常、現地の窓口で受け取ります。その際、予約番号とともに使用したクレジットカード番号を聞かれる場合があるので、オンライン予約に使用したクレジットカードは持ち歩いたほうが安心です。

④予約番号を忘れずに
　窓口で受け取るとき、予約番号が必要です。予約番号を記した受付画面をプリントアウトして持って行きましょう。

I'd like to pick up my tickets.
　私が予約したチケットを受け取りたいのです。

Could you tell where I can pick up my tickets?
　どこでチケットを受け取れますか？

☀ プレミアチケットを入手するには

　高い料金を払ってもどうしても見たい場合は、いわゆるチケットブローカーから買う方法もあります。

　日本へのチケット発送を依頼するのは、費用がかかるうえに未着のリスクがあります。現地で宿泊するホテルが決まっていれば、そこのフロント気付で送ってもらうのが一般的です。

　気をつけたいのは、正規ブローカーではない、非合法のブローカーなどは、チケットが送られてこなかったり、ニセのチケットを渡されたりなどリスクがあるのでくれぐれも用心しましょう。

☀ ミュージカルを本場で楽しむ

　ミュージカルなどのチケットの入手方法はいくつかあります。直接劇場で当日券を買うこともできますが、人気の演目はあっという間に売り切れてしまいます。お目当てのものがあればやはり事前に取っておくほうが無難です。

☀ 演劇・ミュージカル関連用語＆表現

find a ticket　チケットを探す
student discount　学生割引
venue　開催地・会場
hot ticket　人気のある切符
broadway　ブロードウェイ
off-broadway　オフブロードウェイ
ballet and dance　バレエおよびダンス
classical　クラシック
comedy　コメディ
musical　ミュージカル
museum and exhibit　美術館および展覧会
opera　オペラ
play　芝居
seat type　席の種類
balcony　張り出し席
orchestra　オーケストラ
mezzanine　〔劇場の〕２階正面席（米）、〔劇場の〕舞台下（英）
front　前方座席
rear　後部座席
festival seating　全席自由
available at the door　当日券
box office hours　チケット売場営業時間
listings　スケジュール表（公演の日程）
promoter　主催
stadium　スタジアム
arena　アリーナ

theater 映画館
obstructed view 舞台が見えにくい席（そのため安価）
running time 上演時間・公演時間
standing space 立見席
wheelchair access information 車椅子等での来場の案内
matinee マチネー（昼興行）
cast 出演者

I would like three tickets (two adults and one child) for the matinee performance of Mary Poppins on December 12.
12月12日の「メリー・ポピンズ」昼の部、大人2名・子供1名、以上3名分のチケットを取りたいのですが。

What time does the box office open?
チケット売り場は何時から開きますか？

Is it possible to buy tickets at the door?
当日券は購入できますか？

How long is the performance?
公演時間はどのくらいですか？

Is there an intermission?
休憩時間はありますか？

Is there a waiting list for tickets?
キャンセル待ちはできますか？

☀ 間近であこがれのアーティストの曲を！

　日本では大会場の遠くの席からしか見られないアーティストも、もっと小さいコンサート・ライブ会場で間近に見られる可能性があります。

　アーティストの公式ウェブサイトで動向をまめにチェックしておきましょう。チケットを自分で入手するにはいくつか方法があります。

　ミュージカル観劇と同様チケットマスターなどの代理店を利用、もしくはアーティストの公式サイトからチケットを購入する方法などがあります。

　tour info や shows、concert tickets などのページがあれば、チケット販売を行っているかチェックしてみましょう。会員登録すれば購入可能ですが、有料の場合は日本からも購入できるかをきちんと確認してから登録しましょう。また、公式ウェブサイトのメーリングリストに登録しておけば、ライブ情報などをいち早くゲットできます。

The following tickets are currently available.
　　　　　以下のチケットが購入可能です。

▶ 登録完了メール配信のお知らせ

Thank you for registering with ABC cafenet. Please check your email account now to activate your registration. If you are using a web-based email account (such as Hotmail), please add info@abccafe.com to your list of allowed email addresses, or check your junk email.

ABC cafenet へのご登録ありがとうございます。登録を有効にするためにメールチェックをお願いします。もし Hotmail などのウェブ経由のアカウントをお使いであれば、info@abccafe.com をリストへ追加するか、迷惑メールのチェックをお願いします。

☀ コンサート・ライブ関連用語＆表現

pre-sale　先行発売
general sale　一般発売
location　開催場所
capacity　収容人数
ticket price　チケット代
seating　席種
doors　会場
show　開演
opening act　前座
supporting act　助演
general admission　自由席
reserved seating　指定席
encore　アンコール
set list　演奏曲目
wheelchair accessible　車椅子スペースあり
stage　ステージ
floor seat　アリーナ席
standing room only　立ち見席のみ
doors open at ...　開場時間は〜時
curtain time, concert start time　開演時間

When do the tickets go on general sale?
チケットの一般発売はいつですか？

Is the theater wheelchair accessible?
会場に車椅子用の席はありますか？

How far is the arena from downtown?
中心街からアリーナまでどのぐらいの距離がありますか？

☀ 現地のサッカーファンと一緒に応援！

　サッカーといえば、やはり本場はイギリス。ファンの気合いも半端じゃありません。一度その熱気の中で応援したい！と思ったことはありませんか？
もちろん旅行会社の企画する観戦ツアーなどもありますが、自分自身でチケットを取ったほうがお得な場合があります。

　ワールドカップや欧州選手権などの国際大会では、開催の１年以上前から、専用サイトでチケットが販売されます。抽選、先着順のいずれにしても、競争率は高いので、相応の覚悟が必要。

　各国のリーグの試合は、クラブの公式サイトを通じて購入できる場合も。ただし、特に人気クラブの場合は、現地の年間パス保有者やファンクラブ会員が優先で、日本から一般の人が正規価格でゲットするのは至難の業と言えます。

　「どのチームでもいいから、プレミアリーグの試合が見たい！」という場合は、まず**プレミアリーグ公式サイト**のチケット情報ページをチェックしてみましょう。発売状況や購入方法に関する情報がわかります。

premierleague.com　URL http://www.premierleague.com/

☀ サッカー観戦関連用語＆表現

fixture 試合日程
support 応援する
the final 決勝戦
qualifying round 予選ラウンド
referee 審判
steward スタジアム係員
KO（kick off） 試合開始
additional/extra/injury time ロスタイム
overtime 延長戦
penalty shoot-out PK戦
tie 同点
sending off 退場
substitution 選手交代
entrance, turnstiles 入場ゲート（turnstilesは回転バーの付いたゲート）
block ブロック
row 列
seat 座席番号
upper tier 2階席
lower tier 1階席
front row 前段
back row 後段
central section 中央寄り
corner side コーナー寄り
goal end ゴール裏
visitors section アウェイ席
main stand メインスタンド

Hi, I'm calling to order tickets for the Arsenal match on March 23.
　　こんにちは。3月23日のアーセナルの観戦チケットを購入したいのですが。

Do you have any tickets available for the December 2 match?
　　12月2日のチケットはまだ購入可能ですか？

How much are the tickets, please?
　　チケット代はおいくらですか？

Do you take Mastercard?
　　マスターカードは使えますか？

How can I get the tickets?
　　チケットを購入するにはどうすればいいですか？

What time should I be at the stadium?
　　スタジアムには何時まで行けばいいですか？

What is the kick-off time?
　　試合開始時間は何時ですか？

How are you going to send the tickets?
　　チケットはどうやって発送いただけるのでしょうか？

How long will it take for the tickets to arrive?
　　チケット到着までどのくらいかかりますか？

Do you still have any available tickets for goal ends?
　　ゴール裏の席のチケットはまだありますか？

3-4 オークションにも挑戦

1 英語を使わずe-Bayで買える?

　ネットオークションとは、価格が決まっていない商品を出品し、希望購入価格を不特定多数に対してネット上で募り、最高額を提示した人が購入できるというシステムです。日本では Yahoo! オークションが有名ですね。

　ネットオークションの草分け的存在と言われる e-Bay は、Yahoo! オークションと提携し、「**sekaimon**」という専用サイトのサービスを開始し、日本から日本語で購入できるようになりました。このシステムを利用すれば、英語の知識はほとんど必要なく、e-Bay の商品のほとんど（海外発送をしていない出品者もいるので、きちんと確認しましょう）に入札することが可能です。くわしい仕組みなどはサイト内の使い方ガイドに書かれているので、よく読んでから利用しましょう。

sekaimon　URL http://www.sekaimon.com/

第3章　ショッピング&オンライン予約のTips

2 Amazonのマーケットプレイスでお試し

ある程度英語に自信がついてきたら、海外オークションにも挑戦してみたいところです。ただ、あくまでも相手は素人だということを忘れないでください。オークションとは異なりますが、Amazonの個人売買システム「マーケットプレイス」などから始めてみると、雰囲気がつかめるかもしれません。

3 これだけは知っておきたい必須単語&表現

☀オークションの基本単語
buy　買う
sell　売る
starting price　スタート価格
buy it now price　即売価格
item description　商品詳細
reserve price　落札最低価格
duration　出品期間
item location　出品者所在地
current bid　現在の価格
end time　オークション終了時間
ships to　発送可能地域
history　入札履歴
high bidder　最高額入札者
watch this item　ウォッチリストに登録
feedback comments　出品者評価
seller　出品者
email to a friend　友達にメールで知らせる
view listings　一覧を見る
related products　関連商品
view all categories　すべてのカテゴリを見る
ending soonest　終了間近
newly listed　新たな出品

condition　商品の状態
time left　オークションの残り時間
ask the seller a question　出品者に質問
lot number　オークション番号
best matching items　検索したものに似ている商品

☀ アイテムの説明の単語

color　色
size　サイズ
measurements　寸法
notable features　特記事項
returns policy　返品にかかわる規定

☀ 配送の単語

priority mail　プライオリティ郵便
flat rate　均一料金
express mail　速達
parcel post　小包郵便
media mail　冊子小包（本やCDなどを安く送る）
first class mail　第一種郵便（イギリスの場合は速達）
next day express　翌日配達

☀ 出品者と落札者のやりとりに関する表現

Q: I have a question about the item you advertised.
出品中の商品について質問があります。

A: Thanks for your inquiry. / Thanks for your interest.
お問合せありがとうございます。

Q: Can you give me a discount on this?
割引は可能ですか？

A: Since it is a "free shipping" item, I cannot go lower than the asking price.
発送料無料のため、これ以上値段は下げられません。

If you give me a discount, I will definitely buy it.
割引してくれるのなら、絶対買います。

Q: What kind of fabric is it made of?
布地は何ですか？

A: The item is made of 100-percent wool.
この商品はウール 100%となっています。

Q: Can you ship this item to Japan?
日本へも送っていただけますか？

A: Shipping to Japan is no problem.
日本への発送可能です。

Q: How many times did you wear it?
何度着用しましたか？

A: This item was only worn twice.
２度しか着用していません。

The item has never been worn.
一度も着ていません。

Q: Do you have the receipt?
領収証はありますか？

A: I'm sorry, but there is no receipt with the item.
あいにく領収書はありません。

Q: Is the warranty still valid?
保証期間内ですか？

A: The warranty has expired.
保証期間外です。

There are still 6 months left on the warranty.
６か月ほど保証期間が残っています。

Q: **What condition is the item in?**
商品の状態はどうですか？

A: **The item is in perfect condition.**
最高の状態です。

The item is a little bit worn.
すこし着古した感があります。

Q: **Can you send me a better photo?**
もっと鮮明な写真を送っていただけますか？

A: **I posted a new picture to the website.**
新しい写真を掲載しました。

Q: **What is the voltage of the item?**
この商品の電圧は？

A: **The item runs on 220 volts.**
220 ボルトです。

☀ アイテムの説明に関する表現

This is a one-of-a-kind item.
これはひとつしかない商品です。

This is a collector's item!
これはコレクター向けの逸品です！

This item is very useful for cleaning.
洗濯に便利です。

This uniquely Japanese fabric is colorful and durable.
この独特な日本の布地は色鮮やかで丈夫です。

It goes with almost anything.
何にでも合います。

This beautiful necklace is made of white gold.
このきれいなネックレスはホワイトゴールド製です。

It measures approximately 25 cm by 40 cm.
寸法はおよそ 25 ｃｍ× 40 ｃｍです。

Comes with a carrying case.
 携帯用ケース付きです。

Brand new and still unopened in the original package!
 オリジナル包装のまま未開封です！

This item is a must have for people who like cycling.
 自転車好きの方必携のアイテムです。

There is a 2 cm-long scratch on the left side.
 左側に２ｃｍほどの傷があります。

One button is missing from the left cuff.
 左袖口のボタンなし。

☀ その他の表現

Thanks for bidding.
 入札ありがとうございます。

Please see my other items by clicking in View Other Items.
 「他の商品を見る」で他の出品商品もご覧ください。

Payment by cash on delivery.
 着払いになります。

I charge the actual shipping cost to your area.
 お住まいの地域には実費で発送させていただきます。

Please contact me within 3 days after the listing ends.
 掲載終了後３日以内に連絡をください。

I prefer to be paid with PayPal.
 ペイパルで支払いたいのですが。

You can see your shipping cost in the payment details.
 支払い明細書で送料をご確認いただけます。

Please don't forget to leave me feedback after you get your item!
 商品到着後は評価を忘れずお願いします！

第 **4** 章

ブログ・BBS・SNSで広がる世界
英語でのコミュニケーション、恐れる必要はなし！

情報の中で最も動きが速いのがネットの世界。そこでは生の英語が毎分毎秒文字になり、会話が交わされています。ブログ・BBS・SNSなどのコミュニケーションの場には、テレビや映画よりも、もっとリアルでフレッシュな英語に触れるチャンスが広がっています。

4-1 英語でブログを楽しむコツ
読む、書くの両面から英語でブログを楽しむ方法をご紹介します。

4-2 コメント力をアップする
ブログやBBSで、コメントを書くときに使えるフレーズをまとめました。うまく活用して会話や情報交換を楽しんでください。

4-3 SNSで世界中の人とコミュニケーション
SNSを使って、世界中の人と交流するための基本的な情報を示してあります。興味がわいたらさっそく参加してみましょう。

4-1 英語のブログを楽しむコツ

[1] まずはお気に入りのブログを見つけよう

1 お気に入りブログの探し方

　文章のプロではないにしろ、ブログにはネイティブたちの本音がぎっしり。生きた英文を読むことで英語に親しむことができますし、何より外国の文化に直接触れることができます。面白いブログをいくつか見つけて「お気に入り」に入れ、毎日ちょっとでものぞいてみましょう。

　ブログを探すにはいくつか方法があります。自分に合った方法で、お気に入りブログを見つけてみましょう。

①好きな有名人のブログを探す

　気になるアーティストや映画スター、スポーツ選手のブログを、オフィシャルウェブサイトやウィキペディアなどから探して、ぜひお気に入りに入れましょう。意外な素顔やお得な情報をいち早く知ることができるかもしれませんよ。

②好きな分野、興味のある分野のブログを探す

　検索エンジンを使って、興味のある分野についてのブログを探しましょう。自分自身が興味のある内容であれば、チェックする回数も増えますし、コメントも書きやすくなります。共感できる考え方を持つ人や気の合う人を見つけて、どんどんコミュニケーションをとっていきましょう。

例1：Google のブログ検索機能を使う

Google ブログ検索のトップページへ行く。

URL http://blogsearch.google.co.jp/

→検索バーに気になるキーワードを英語で入力する。
→英語のブログに限定する場合は、「ブログ検索オプション」をクリックし「検索の対象にする言語」をプルダウンメニューから「英語」を選ぶ。

例2：Yahoo! のブログ検索機能を使う

URL Yahoo! ブログ検索 ▶ http://blog-search.yahoo.co.jp/
Yahoo! Search Blog ▶ http://ysearchblog.com/

例3：ブログ検索のサイトで探す

Technorati や **Diaryland** などのブログ検索用サイトを上手に利用して、お気に入りのブログを見つけましょう。Technorati ではディレクトリによりジャンル別に細かく分類されていますので、気になる分野をどんどんクリックしていきましょう。Diaryland では、都市、ユーザー名、音楽の好み、キーワード入力など、カテゴリ別に検索をすることができます。

URL Technorati ▶ http://technorati.com/pop/blogs/
Diaryland ▶ http://www.diaryland.com/

2 厳選！ おすすめブログ

☀ 世界のカリスマブロガー

いわゆる「カリスマブロガー」「アルファブロガー」は、米国ではA-list bloggerと呼ばれます。多くの読者がいて、世間に影響力を与えるようなブログを書く人のことです。

The Bloggers Choice Awards では、毎年カテゴリー別に、読者の投票によりベストブログが発表されます。

URL http://www.bloggerschoiceawards.com/

欧米で話題となり、多くの読者を持つカリスマブログをいくつかご紹介します。

Scripting News　**URL** http://www.scripting.com/
スクリプト言語開発などに携わってきたアメリカ人科学者による、最も長く続いているブログ。

Scobleizer　**URL** http://scobleizer.com/
元マイクロソフト社の社員によるテクノロジー全般に関するブログ。

go fug yourself　**URL** http://gofugyourself.typepad.com/
エンタテインメント情報。セレブのスタイルを、皮肉を交えてファッションチェック。

Cute Overload　**URL** http://www.cuteoverload.com/
かわいい動物たちの写真や動画が満載で癒されます。

My Wooden Spoon　**URL** http://mywoodenspoon.com/
お料理のちょっとしたコツやレシピが紹介されています。簡単に作れる料理が読者に大人気。

☀ ユニークな視点が光るブログ

The Secret Diary of Steve Jobs　URL http://fakesteve.blogspot.com/
アップルCEOのスティーブ・ジョブズが、IT業界の話題をめった切り…と思いきや、書いているのはFake Steve Jobs（偽ジョブズ）。正体は誰？

Times in New York　URL http://boygabe.blogspot.com/
ニューヨークで働くビジネスマンのブログ。ブルックリンの町を写真とともに紹介しています。町の雰囲気がよくわかり、作者を通してニューヨークという町を身近に感じることができます。

Adventures of a cautious risk taker　URL http://bbcag.blogspot.com/
パーティーの様子や、おしゃれな友達の部屋の様子などきれいな写真とともに紹介しています。日々思うことなどがたくさんの文章でつづられている。

Thi$ city is mine　URL http://www.thiscityismine.com/
現役グラフィックデザイナーによるブログ。パーティー、町の様子、仕事場などがたくさんの写真とともに紹介されています。文字よりも写真のほうがメインなので、初心者でも軽く楽しく読めます。

Geeky Housewife　URL http://www.geekyhousewife.com/?page_id=2
アメリカに住む普通の主婦によるブログ。家事が楽になるコツや、シンプル家庭料理のレシピも載っています。

Jamie Oliver　URL http://www.jamieoliver.com/diary/
プロの味が知りたいなら、「裸のシェフ」でおなじみのカリスマ料理人ジェイミー・オリバーの公式サイトをチェックしてみましょう。ジェイミーの日記ではオリジナルのレシピも満載。

Hub-UK　URL http://www.hub-uk.com/index.html#
イギリス独特の料理のレシピを紹介。ちょっとした料理のコツから、ワインに合う料理の作り方など、料理を楽しむための情報がたくさん紹介されています。

Kraneland　URL http://www.kraneland.com
大学生活や、家族、興味のあるドラマの画像などをアップしています。アメリカの大学生はいったいどんなことをして過ごしているのかがうかがえます。

Tokyo Times　URL http://www.wordpress.tokyotimes.org/
東京在住10年目のイギリス人男性によるブログ。外国人の目を通して、東京や日本の新しい顔を発見することができます。

Deep Kyoto　URL http://www.deepkyoto.com/
京都在住のイギリス人男性が、おすすめのレストラン、カフェ、バー、その他観光スポットなどを紹介。一般のガイドブックとは一味違った視点で、日本人も外国人も楽しめる京都の魅力を語っています。

Dogblog　URL http://www.automatedredemption.com/flavorcountry/dogblog/
サンフランシスコ在住のJonさんが、町の様子を、町で見かけた犬たちの写真とともに紹介。写真につけられているキャプションがユーモアにあふれています。

Rascal's World　URL http://welcometorascalsworld.blogspot.com/
アメリカ在住の黒猫ラスカル君目線で書かれたブログ。ポイントするとカーソルが黒猫になったりと凝っています。

[2] 英語でブログを書いてみよう！

1 気軽に始めるシンプルブログ

☀ 発信することで英語を自然に身につける

文字になっていろいろな人に見られることを意識するあまり、力が入りすぎて続かない、また間違いが怖くて最初の一歩が踏み出せないという方がいるのではないでしょうか？ プロフィールで、自分が英語ネイティブではない、ということを宣言してしまうと、だいぶ気が楽になるかもしれません。

大切なのは「継続すること」です。すべて英語で書かなくても、英語のサイトやブログで興味のあるニュースを読んで、その要約や感想を日本語で書いていくというのも、英語に親しむきっかけになるでしょう。

☀ まずは自己紹介から

ブログのプロフィール欄に、自分のことを紹介する欄がありますね。初めて来た人には貴重な情報源となります。シンプルな英語で書いてみましょう。

I was born in ... 　　　～生まれです。
I was born and raised in ... 　　　生まれも育ちも～です。/ 生粋の～っ子。
My blog name is ... 　　　私は～と申します。
... is my thing! 　　　～が得意です。
I'm really into ... 　　　～に夢中です。
I'm a big fun of ...! 　　　～の大ファンなんです！
I'm interested in ... 　　　～に興味があります。
I'm a ... 　　　私は～をしています。

I was born and raised in Hokkaido, but I moved to Tokyo for college. I'm really into snowboarding, so I go back once a month in the winter. I'm a software engineer at a computer company.

> 私は北海道生まれの北海道育ちですが、大学へ通うために東京に出てきました。スノボに夢中なので、冬の間は月に一度は帰っています。コンピュータの会社でソフトウェアのエンジニアをしています。

☀︎ シンプルブログの書き方例

　さて、ブログを書こう！と思っても、急にスラスラ書けるものでもありませんね。書きたいことすべてを書こうとすると英語が難しくなってしまったり、書くのがおっくうになってしまいます。最初は2、3行のシンプルブログから始めてみましょう。

Naocchi's Diary
ナオッチの日記

2008-05-02 10:31:01 Wedblog

sunny park　お天気の公園

①天気のこと

Today was really nice.　今日はすごくいい天気だった。
I took my dog, Lucy, for a walk in the park.
ルーシーと公園へ散歩に行った。
We really had a good time.　とても楽しかったです。

②できごと　③できごとの感想　｜コメント（2）｜トラックバック（0）

コメント：　　　　　　　　　　　　　　　　　　2008-05-04 11:41:37
＊ Lindsey
My name is Lindsey.　リンゼイといいます。
This is my first time to post.　初めてコメントします。
Your dog's picture is really cute!　ワンちゃんの写真かわいいですね！

コメントへの返事：　　　　　　　　　　　　　　2008-05-04 14:15:01
＊ Naocchi
Hi, Lindsey!　リンゼイさんこんにちは！
Thanks for your nice comment.
うれしいコメントありがとうございました。
Please come back for a visit here again!　またのぞきにきてください。

☀️ タイトルのつけ方

　タイトルは、記事の中から一番伝えたいキーワードをピックアップし、それを印象的な形容詞で飾るのが一般的。シンプルにキーワードを抜き出すだけでも立派なタイトルになります。左の例では、形容詞を使って sunny park としてありますが、walk in the park（公園へ散歩）でもいいでしょう。何かうれしいことがあったら I did it!（やった！）など、気持ちを表すひとことをそのままタイトルにしてもいいでしょう。

☀️ 本文の書き方

　慣れるまでは、以下のものから書きたいことをいくつか選んで書いてみてはいかがでしょう？　最初は 2 行もしくは 3 行くらいから始めて、徐々に増やしていくといいでしょう。
①**天気のこと**：その日の天気や気候など
②**できごと**：その日にあったことやゲットした情報など
③**できごとの感想**　できごとに対する自分の意見
④**その日の気持ちをひとこと**：1 日を通しての自分の意見や感じたこと

☀️ コメント欄の書き方

　ブログの楽しみのひとつはやはり読者からのコメント。自分の記事を読んでどう思ったか感想をもらえると、ブログを続けるモチベーションにもなりますね。せっかくもらったコメントにはできるだけ返事をするようにしましょう。難しく考えずに、質問が書かれていればそれに対して回答し、コメントをくれたことへのお礼を述べます。

　自分が他人のブログに対してコメントをする場合も、慣れるまでは 2、3 行で十分です。コメントするのが初めてであれば簡単に自己紹介をし、あとは記事に対する率直な感想を書いてみましょう。

　ブログにつきもののトラックバックは、正しく使わないと「トラックバックスパム」として削除されてしまうことが多いので、英語でブログを書くのに十分慣れてからにしたほうが無難です。

第 4 章　ブログ・BBS・SNS で広がる世界

2 毎日の日記に使える基本表現

☀ 天気に関する表現いろいろ

その日がどんな日だったかを記録するのに、天気の話題はちょっとしたインフォメーションとなります。まさに「日記」の基本要素で、ネタに困ることもありません。

Today was a nice day.
　　今日はいい天気でした。

It was clear and sunny today.
　　今日はとてもいい天気でした。

The weather was just perfect today.
　　今日の天気は最高でした。

The weather was nice today.
　　今日はいい天気でした。

The weather wasn't very good today.
　　今日は天気がイマイチでした。

Today is a warm, pleasant day.
　　今日は暖かく過ごしやすい日だった。

Today is sweltering (hot).
　　今日はうだるような暑さでした。

It was really humid today.
　　今日はむしむししていた。

The weather was awful / terrible today.
　　今日の天気はひどかった。

It rained all day today.
　　今日は1日中雨だった。

The sky was full of clouds all day today.
　　今日はずっと曇り空だった。

It was chilly in the morning and evening.
　　今日は朝晩冷え込みました。

It was really cold and windy today.
　　今日は風が強くて寒かった。

Today was the hottest/coldest day so far this year.
　　今日は今年一番の暑さ／寒さだった。

It's getting cold.
　　だんだん寒くなってきましたね。

I heard the rainy season's finally over.
　　とうとう梅雨明けしたみたいですね。

We had some unusual weather today. There was a hail storm.
　　今日は珍しく雹（ひょう）が降ってきた。

They say that a typhoon is approaching.
　　台風が近づいているようだ。

We had a heavy snowfall today.
　　今日は大雪だ。

It's been pouring rain since this morning.
　　今日は朝から豪雨です。

☀ 情報発信に使える表現いろいろ

　自分の得た情報を伝えるときに使える言い回しを覚えておくと便利です。いいネタを仕入れたらたくさんの人と共有したいものですよね。

① I heard ...　〜らしい
　I heard that you can lose weight by cutting out carbohydrates.
　　炭水化物を抜くとやせるらしい。

② I saw ... on TV.　〜をテレビで観ました
　I saw the interview on TV.
　　そのインタビューはテレビで観ました。

③ The article said that ...　その記事によると、…
　The article said that they've been living apart since last year.
　　その記事によると、去年から別居してるみたいよ。

第4章　ブログ・BBS・SNS で広がる世界 | **231**

④ According to rumors ...　うわさによると、…
According to rumors, he wants to be traded.
うわさによると、彼は移籍を希望しているみたい。

⑤ I remember ...　〜を思い出します
I remember when I first started working.
働き始めた頃のことを思い出します。

⑥ As I thought ...　私が思うには、…
As I thought, that couple is not getting along.
私が思うには、あの夫婦は絶対仲悪いと思うの。

⑦ Did you know that ...?　ご存じですか？
Did you know that Japan's population is declining?
日本の人口が減り続けているの知ってた？

⑧ Back in the（年代）s, ...　〜年代当時は、…
Back in the 80s, it was much easier for young people to find a job.
80年代なら若者ももっと仕事を見つけやすかった。

☀ 気持ちを表す表現いろいろ

その日起きたことを含めて、いったいどんな日だったのか感想を書いてみましょう。自分の思ったことを素直に書けば、読んでいる人にもあなたの気持ちが伝わり、より親しみを持ってもらえます。

▶ ポジティブな日
Today was a really good day.　今日は本当にいい日だった。
Today was just great!　最高の1日だった！
I had a good time today.　とても楽しかったなぁ。
I was happy to meet ...　〜さんに会えてうれしかった。
Today was kind of relaxing.　ゆったりした1日だった。

▶ ネガティブな日
What a terrible day!　なんて日だ！
Today was an awful day.　今日はひどい1日だった。
Today was a disaster.　今日は悪夢だ。

Today was a hectic day. ほんとバタバタした日だった。

▶ キモチのひとこと

😁 うれしい気持ち

　I was so happy! 本当にうれしかった！
　That made my day! いい気分だわ！
　Today was just lovely. 今日は本当にステキな日だった。
　I thought it was so nice! なんてすばらしいことだろうと思った。

😊 感動の気持ち

　I couldn't stop crying. 涙が止まらなかった。
　It really moved me. すごく感動した。
　I was so impressed by him. 彼には本当に感心した。
　I never felt like that before. こんな気持ちは初めてだ。

😊 人をほめる

　I wish I could draw like her! 彼女みたいに絵が描ければな！
　That was one of the most interesting essays I've ever read.
　　今まで読んだ中で一番面白いエッセイでした。
　Well done! やったね！

😢 悲しい気持ち

　I feel depressed. 本当にへこむよ。
　I've been a little down recently. 最近ちょっと落ち込んでるの。
　I was so sad. 悲しかった。

😠 怒りの気持ち

　Things like that make me really angry. 本当に腹立たしい出来事だ。
　He made me mad. 彼には腹が立った。
　I'm in a bad mood today. 今日は気分が悪い。

😨 動揺の気持ち

　It's no good. やべぇ。
　I'm so nervous. すごく緊張してます。
　I really don't know what I should do. 何をしたらいいか見当がつかなくて。

第４章　ブログ・BBS・SNSで広がる世界

3 トピック別・すぐ使えるフレーズ

食事

I ate *udon* with fried tofu for lunch today.
今日はランチにきつねうどんを食べた。

My girlfriend made me dinner tonight.
今夜は彼女が夕食を作ってくれた。

I ate dinner with a friend on the way home from work.
会社帰りに友達とご飯を食べました。

My boss treated me to sushi.
上司がお寿司をおごってくれた。

Today, I tried making *gyoza* (Chinese dumplings) for the first time.
今日は餃子を初めて作ってみました。

It was my first time to make Paella.
パエリアを作るのはこれが初めて。

I've been eating out everyday lately.
最近外食ばかりしているなぁ。

I went to an Italian restaurant that opened today!
今日オープンしたてのイタリアンのお店に行った！

We ordered out for pizza.
ピザの出前を取りました。

I skipped breakfast today.
今日は朝食を抜いてしまった。

This is what I had for lunch.
これが私の今日のランチです。

使える感想

That was really tasty/terrible!
　　すごくおいしかった！／まずかった！

I guess it was a little expensive.
　　ちょっと高かったかも。

It tasted better than I expected.
　　思ったよりおいしくできたかも。

Making lasagna is really easy/difficult.
　　ラザニアを作るのはすごく簡単だった。／難しかった。

Be sure to try it sometime. / Try it next time. / You should try it sometime.
　　今度ぜひ行ってみてください。

Dessert was really good.
　　デザートがすごくおいしかった。

I want to know how to make it.
　　どうやって作るんだろう。

会社

I made a big mistake at work today.
今日は仕事で大失敗してしまった。

I had meetings all day.
朝から会議が続いた。

One of my superiors complimented me today.
先輩が仕事をほめてくれた。

I had an interview today. / Today was the interview.
今日は面接試験だった。

I'm being transferred. / I received notice that I'll be transferred.
転勤の辞令が下った。

I was late because the trains weren't running on time.
I was really late because the train was late.
電車が遅れて大遅刻をしてしまった。

I got mad at my boss.
上司にむかついた。

I'm burned out from working overtime.
残業でへとへとだ。

I'm really happy that my plan was approved.
企画が通ってうれしいな。

This is the first time I've been given responsibility for a job!
初めて一人で仕事を任された！

使える感想

I want to quit this job. / I wanna quit.
もう会社辞めたいな。

I'm not cut out for this work/job.
この仕事向いてないのかも。

I hope I pass. / It'd be great if I passed.
受かるといいな。

I'm dead tired. / I'm so tired.
ものすごく疲れた。

学校生活

I guess it's time I started studying for my entrance exams.
そろそろ受験勉強しないとなぁ。

I'm starting university next week!
もう来月からは大学生だ!

What shall I wear to my school's entrance ceremony?
入学式には何を着ていこう?

I slept in, so I skipped my first period class.
寝坊して1限目はさぼってしまった。

When next week is over, it'll finally be summer vacation!
来週が終われば、いよいよ夏休みだ!

I'm going to have to get a part-time job to earn money for my trip.
アルバイトして旅行のお金稼がなくちゃ。

I haven't prepared at all for my term tests.
期末テストの勉強全然してないや。

I flunked my math test!
数学赤点取っちゃった!

My final report is due this Friday.
期末レポート提出は今週金曜日までだ。

I took Professor Jones's seminar.
ジョーンズ教授のゼミに入ることにした。

使える感想

I hope I get accepted to a school soon.
早く合格したいなぁ。

If I study really hard, I'm sure I'll get accepted to the university I want to attend.
一生懸命勉強すれば、きっと志望大学に受かるはずだ!

I have to study hard or I'll be left behind.
落ちこぼれないようにしなくっちゃ。

I'm worried about whether I'll be able to graduate.
こんなんで卒業できるか心配だ。

Being a student is a lot of fun.
学生って本当に楽しいなぁ。

サークル・アルバイト

I joined the tennis club.
テニスサークルに入った。

The club I wanted to join was full.
入りたいサークルはもう定員オーバーだった。

The golf club is having a welcome party for the new members tomorrow.
明日はゴルフサークルの新歓コンパだ。

Although it's called a tennis club, all we ever do is have drinking parties.
うちはテニスサークルといいつつ、飲み会しかしていない。

All of this year's new members are really cute.
今年の新人はみんなかわいいなぁ。

I've been so busy I haven't had a chance to attend the club.
最近忙しくてサークルの集まりに顔も出さなくなってしまった。

I went to my part-time job today.
今日はバイトだった。

Masako is my best friend from my part-time job.
親友のマサコとはバイトで知り合った。

😊 使える感想

There's one other club I'm interested in.
もうひとつ気になるサークルがある。

I don't know which club to join.
どのサークルに入るか迷っちゃうな。

I get along great with the other club members, so it's a lot of fun.
サークルのメンバーとはとても気が合うので楽しい。

Hmmm, shall I attend an event soon?
近いうちに集まりに顔を出そうかな？

Thanks to my club, life at school is a lot of fun.
サークルのおかげで学生生活がとても楽しい。

It would be nice if I could make some new friends.
仲のいい子ができるといいな。

就職活動

This year it's finally time to start job hunting.
今年はいよいよ就活だ。

It would be great if I got hired by the company I want to work at.
希望の会社に行けるといいな。

I applied to more than 30 companies.
30を超える会社にエントリーをしておいた。

There's a job seminar at M Tower tomorrow.
明日はMタワーで就職相談会がある。

It's about time I bought a suit for job hunting.
そろそろリクルートスーツを買わなきゃ。

Next week there's an event where former students talk about the company.
来週OB（OG）による、会社説明会がある。

Tomorrow I have an interview with the company I most want to work at.
明日は第一志望の企業の面接だ。

I took a paper test, but I didn't get an interview.
筆記試験を受けたけど、面接へはこぎつけることができなかった。

I got a tentative offer from the company I'm interested in!
希望する企業の内定がもらえた！

使える感想

I feel down.　気が重いなぁ。
I just want a job. I don't care where.　どこでもいいから就職できればいいや。
I'm going to start making a big effort.　今から努力しています。
I had a lot of trouble with the written examination, so I think I failed.
筆記が全然できなかったので、多分落ちるだろう。
I wonder when they'll make a decision.
いつになったら決まるんだろう。
I'm sick of it.　もういやになってきた。
I'm never going to give up!　あきらめずに頑張る！

第4章　ブログ・BBS・SNSで広がる世界

飲み会

I went out drinking with friends from college today.
今日は大学時代の友達との飲み会でした。

We were out drinking all night yesterday.
昨日はオールで飲んだ。

My company's year-end party is this week.
今週は会社の忘年会がある。

I'm the organizer of the New Year's party.
I've been made organizer of the New Year's party.
新年会の幹事をやることになってしまった。

I got crazy when I was drunk. / I got violent when I was drunk.
酔っぱらって大暴れしてしまったようだ。

I don't remember how I got home.
どうやって帰ったか記憶がない。

使える感想

I think I drank too much.
ちょっと飲み過ぎたかな。

I need to be careful about how much I drink.
これからお酒の飲み過ぎは注意しないとな。

I love drinking with good friends.
Good friends make the drinks taste better.
Good friends make the drink.
気の合う仲間とのお酒はウマい！

I'll never drink too much sake again!
もう日本酒は飲み過ぎないぞ！

恋愛

I went to a match-making party today.
今日は合コンだった。

He asked me to go out yesterday.
昨日彼に飲みに誘われちゃった。

She/He has a boyfriend/girlfriend.
好きな人に彼氏／彼女がいたみたい。

I broke up with my boyfriend/girlfriend.
恋人と別れちゃいました。

We exchanged email addresses.
メールアドレスの交換をしました。

My boyfriend (He) hasn't sent me an email.
彼からのメールがこない。

使える感想

It was quite a shock!
すごくショック！

I'll need some time to recover.
しばらく立ち直れないな。

I hope I get an email. / I hope I get a text message.
メールがくるといいな♪

Why is he/she so popular?
I don't understand why he/she gets all the attention.
なんであんなヤツがもてるんだろう。

スポーツ

I had a futsal/five-a-side soccer match on Sunday.
日曜日はフットサルの試合だった。
＊futsal はスペイン語から来ている言葉。

I follow Arsenal. / I'm an Arsenal fan.
アーセナルの大ファンです。

I watched a football match on TV today.
今日はテレビでサッカーの試合を観た。
＊サッカーはイギリスでは football、アメリカでは soccer と言う。

I'm (really) looking forward to watching the national team's match.
来週の代表戦が今から楽しみだ。

I went to the driving range today.
今日はゴルフの打ちっぱなしに行ってきました。

Furuta finally retired.
とうとう古田が引退してしまった。

使える感想

Kaka is my man!
カカは最高の選手だ！

Japan can't lose!
絶対日本が勝つに違いない！

I was so happy they won.

I was really happy to get a win.

I was so happy I won.
勝ってうれしかった！

It was tough to lose.

It was a hard loss.
負けて悔しかった！

🔵 音楽

The Red Hot Chili Peppers' concert is tomorrow!
いよいよ明日はレッチリのライブだ!

The Police broke up.　ポリスが解散した。

The Police have reunited.　ポリスが再結成した。

I bought Oasis's new album.
今日オアシスの新しいアルバムを買った。

I listened to an aiko CD I borrowed from a friend.
友達にaikoのCDを借りて聴いてみた。

I went to a classical music concert today.
今日はクラシックのコンサートに行ってきました。

I got an Utada Hikaru ticket!
I was able to get an Utada Hikaru ticket!
宇多田ヒカルのライブチケットがゲットできました!

Tickets to their show sold out in a flash.
彼らのチケットはあっという間に売り切れた。

I love this song, especially the opening!
この曲いいよね。特に始まりが!

😊 使える感想

I can't wait!
今からすごく楽しみ!

They rock!
彼らは最高だ!
※ Theyの部分にバンド名、アーティスト名を入れてもOK。

That was really cool.
すごくよかった。

Their (latest) album wasn't very good.
今回のアルバムはあまりよくないかも。

One of the best bands ever!
史上最高のバンドでしょう!

映画・テレビ

I saw a movie with my friends on Friday.
金曜日友達と映画を見に行きました。

I heard that Johnny Depp's next movie will be a comedy.
次回のジョニー・デップの主演映画はコメディーなんだって。

Guy Ritchie's new movie is getting excellent reviews.
ガイ・リッチーの新作映画は評判がすごくいいらしい。

The movie cost 1.5-billion yen to make.
総制作費は15億円だとか！

Edward Norton, the star of the movie, made a public appearance.
主演のエドワード・ノートンが舞台あいさつに現れた。

I heard they're making a movie version of the TV show Sex and the City.
ドラマのSex and the Cityが映画化されるんだそうです。

The new season of Prison Break is supposed to start next week.
プリズン・ブレイクの新シリーズが来週から始まるらしい。

使える感想

I was really moved.
すごく感動した。

It was really disappointing.
期待外れだった。

He always gives an excellent performance.
彼の演技はいつも最高だわ。

I wonder if it will be opening in Japan soon.
早く日本でも公開されないかな。

I wonder when it will come to Japan.
日本公開はいつだろう？

It's a must see.
これは絶対見逃せないね。

パソコン・ゲーム・デジタル製品

I went to buy a Wii, but they were sold out.
Wii を買いに行ったら売り切れだった。

I'm so into my new game that I don't have any time to sleep.
新しいゲームにはまって、寝る時間がない。

The new iPod that Steve Jobs announced in his keynote speech yesterday is really cool.
スティーブ・ジョブズが昨日の基調講演で発表した iPod は超クールだ。

I've been having trouble with my computer since last week.
先週からうちの PC の調子が悪くて困ってる。

My download speeds are really slow and it's hard to watch streaming video, so I want to get a fiber-optic connection from B FLET'S.
ネットが遅くて動画を見るのにイライラするので、Bフレッツの光ファイバ接続に替えたい。

I got a cellphone with 1seg, so now I can watch TV every day while I'm commuting.
ワンセグ付き携帯に替えたので、毎日通勤途中にテレビを見ている。

I went out and bought a new, high-resolution digital camera so I can post photos to this blog.
このブログに写真を載せるため、新製品の高画質デジカメを買っちゃいました。

使える感想

When will it be available?　いつになったら手に入るんだろう？

I think it's about time I got a new game.
そろそろ新しいゲームソフトが欲しいな。

I'm saving my money and I'm going to buy it!　お金をためて買うぞ！

I wonder when the price will drop...
いつか値下がりしないかな…。

I guess it's about time I upgraded.
そろそろ買い替えの時期かな？

The call fees just went up a lot, so I'm really short of money!
通話料金が一気に上がって大ピンチ！

第 4 章　ブログ・BBS・SNS で広がる世界

健康・病気

I have a physical tomorrow.　明日は健康診断だ。

I got the results of my physical this morning.
健康診断の結果が今朝届いた。

I caught the flu.　インフルエンザにかかってしまった。

I never get enough sleep these days.　近頃睡眠不足だ。

My eyes are sore and I have a stiff neck from using the computer too much.
パソコンの使い過ぎで目の疲れと肩こりがひどい。

I don't like spring because I have hay fever.
花粉症なので春は苦手。

One of my coworkers broke his leg skiing.
会社の同僚がスキーで骨折してしまった。

I felt sick today, so I went home from work early.
今日は体調不良で早退してしまった。

使える感想

I was happy to find out that there was nothing wrong with me.
どこも悪いところがなくてよかった。

I don't think I'll be able to go in to work today.
今日は会社には行けそうにないな。

I need to get to bed early, at least tonight.
今夜ぐらいは早く寝ないとな。

I think I'll go get a massage or something.
マッサージにでも行こうかなぁ。

I have to get better soon.　早く治さないとな。

It would be a mistake not to go and get this checked out properly by a doctor.
一度きちんとお医者さんに診てもらわないとまずいかも。

I think I'll go visit him in hospital next week.
来週お見舞いに行こうと思う。

ダイエット

I can't get into the jeans I bought last year!
去年買ったジーンズが入らなくなってしまった！

This year I'm definitely going on a diet.
今年こそダイエットするぞ！

I'm going to lose 5 kg by summer.
夏までに5kg痩せよう！

Maybe I should start going jogging every morning.
毎朝ジョギング始めようかな。

I'm trying to eat less at dinner.
晩ご飯を減らしている。

My weight rebounded and now I'm fatter than before.
リバウンドして、逆に太ってしまった。

I decided to start going to a gym.
フィットネスクラブに通うことにした。

My friend Miyuki was successful with her diet.
友達のミユキがダイエットに成功した。

😄 使える感想

I really hope I can stick with it this time.
今度こそ続くといいけど。

I'm going to have to make an effort not to put the weight back on.
リバウンドしないように気をつけないと。

How come I'm not losing any weight at all?
どうしてぜんぜん体重が減らないんだろう？

I want to lose weight too.
私も痩せたいなぁ。

It's impossible to lose weight without suffering.
苦労しないで痩せるのはやっぱり無理だ。

ファッション

I went to a sale with a friend.
今日は友達とバーゲンに行った。

I did some impulse buying at a clothing store.
I impulsively bought some clothes.
洋服屋さんで衝動買いしてしまいました。

I found some nice pants, but they didn't have my size.
いいパンツを見つけたのに、サイズがなかった。

The spring fashions are already in the stores.
The spring clothes are already on the shelves.
もう春物がお店に並んでいた。

They were sold out of what I was looking for!
They were out of what I was after!
お目当てのものが売り切れていた！

I tried on all kinds of clothes.
いろんな服を試着してみた。

使える感想

I found a great buy! / I got a great deal!
掘り出しものが見つかりました！

I'll have to put away my summer clothes soon.
そろそろ夏物はしまわないとな。

I was disappointed that it didn't look good on me.
It was too bad it didn't look right on me.
残念ながら、あまり似合わなかった。

I really liked it. / I loved it! / I took a liking to it.
すごく気に入った。

ペット

We got a puppy.（もう犬がいる場合）
We decided to get a puppy.（これから飼う場合）
　　子犬を飼うことにした。

I trained my dog to sit and stay.
　　犬にお座りと待てを教えた。

I went to a dog café with Hanako.
　　はなことドッグカフェへ行きました。

I went for a walk with Apricot this morning.
　　今朝アプリコットとお散歩へ行った。

Chi-chi hasn't been feeling well since last night.
　　チッチの具合が昨夜から悪い。

I went to a dog run, but it was really crowded.
　　ドッグランへ出かけたけど、とても混んでいた。

😟 **使える感想**

It's hard to discipline a dog.
Disciplining is rough.
　　しつけって本当に大変。

He/She was really well-behaved.
　　とてもいい子にできました。

I'll have to take him/her to see the vet.
　　獣医に連れていかないと。

My Peter is the cutest rabbit in the world!
Peter is the cutest rabbit ever!
　　ピーターは世界中のうさぎの中で一番かわいい！

第4章　ブログ・BBS・SNSで広がる世界

習い事

After work, I went to a/my cooking class.
今日は会社の後、料理教室へ行った。

I started taking a correspondence course in medical office work.
医療事務の通信講座をやることにした。

I'm taking a class to become a bread-making teacher.
I'm taking a teaching course in bread making.
パン作りの師範コースに通っている。

I'm practicing for a recital.
ただいま発表会に向けて練習しています。

I just registered for a beginning English conversation class.
英会話の初心者コースの申込みをしてきました。

I requested some information on a guitar class.
ギターコースの資料を取り寄せた。

使える感想

I look forward to every lesson!
毎回レッスンが楽しみ！

I'll try my best to continue for a long time.
I'll try my best to stick with it.
長く続けるように頑張ろう。

I'm getting tired of it lately.
I'm getting bored with it lately.
最近ちょっと飽きてきちゃったな。

The teacher complimented me on my progress.
上達したと先生がほめてくれた。

🔹 **旅行**

I went on a day trip to a hot spring.
　　日帰りで温泉旅行に行ってきました。

I went to Kamakura by motorcycle.
I went on a motorcycle ride to Kamakura.
　　鎌倉へバイクツーリングしてきました。

I left for Atami.
　　熱海へ出発しました。

I'm going to Italy for a week.
I decided to go to Italy for a week.
　　1週間、イタリア旅行に行くことにしました。

I came back from America yesterday.
　　昨日アメリカから戻りました。

I went back to my parent's house in Wakayama over the break.
　　休み中に実家の和歌山へ帰りました。

I went home over the break.
I visited my parents over the break.
　　休み中に実家へ帰りました。

💬 **使える感想**

I hope the roads aren't crowded.
　　渋滞してないといいな。

I can't wait to leave!
　　出発が今から楽しみ！

It was so relaxing.
　　すごくリラックスできた。

I had a wonderful/great time.
　　とてもすてきな時間を過ごせた。

4-2 コメント力をアップする

1 BBS の楽しみ方とマナー

☀ BBS ってどんなもの？

BBS は（bulletin board system）の略で、ネットにおける掲示板（メッセージボード）です。一つのテーマに対して、いろいろな人がコメントを書き込んでいきます。海外の掲示板は、forum（フォーラム）と呼ばれる会員登録型のものが多いようです。

慣れないうちは、ネイティブ同士のやりとりを見ているだけでもとても勉強になります。気持ちよくコミュニケーションするためにも、ルールとマナーを守るようにしましょう。 ➡ P.52

☀ forum を探してみよう

スポーツ関連、アーティスト、映画・ドラマ作品などの公式サイトやファンサイトなどで forum を見つけることができます。興味のある分野の forum を見つけて、他の人たちのやりとりをのぞいてみましょう。ニューストピックに対してディスカッションをするような forum もあります。

① digg　　URL http://digg.com/

digg はソーシャルニュースサイトです。政治・経済からエンタテインメントまで、幅広い記事が閲覧できます。記事はユーザーがリンクを張ることで投稿されます（アカウントを持っていなくても記事は閲覧可能）。ユーザー登録を行えば、記事に賛成／反対票を入れることができます。特に宣伝行為とみなされる記事には、すぐに反対票が集まります。投票数が多いものトップ 15 が常にトップページに掲載される仕組み。ニュースにつけられたコメントを見ると、海外の人がどんな考え方をしているかを垣間見ることができます。また、メンバーはプロフィールページなどを設定でき、SNS 機能も持ち合わせるようになっています。

② reddit　URL http://reddit.com/

　ネットで人気のある記事、面白い記事の一覧を提供。ユーザーは「好き」もしくは「嫌い」な記事を自由に投稿することができます。ポイントの高いものが表示される仕組み。

③ Yahoo! Message Boards　URL http://messages.yahoo.com/

　同じ趣味を持つ人たちの意見を読んだり、議論したりすることができます。スポーツ、パソコン、グルメ、ニュース、教育問題など、多数のテーマがあるのは日本の Yahoo! 掲示板と同様。自分が興味のある分野のトピックを見つけて読んでみましょう。Yahoo! ID を取得すれば投稿可能。

▶ Yahoo! Message Boards の注意事項
About Message Boards
Reminder. Please read our Terms of Service. Messages that harass, abuse or threaten other members; have obscene or otherwise objectionable content; have spam, commercial or advertising content or links may be removed and may result in the loss of your Yahoo! ID (including e-mail). Please do not post any private information unless you want it to be available publicly. Never assume that you are completely anonymous and cannot be identified by your posts.

掲示板に関して

注意。われわれの利用規約をお読みください。他のメンバーに対するいやがらせ、悪口、脅し、わいせつな内容、不愉快な内容の発言、スパム広告、宣伝目的、広告目的、リンク貼り付けなどの投稿は無効となり、ヤフー ID（メールも含め）を失効することになります。公にしたくない個人情報は投稿しないようにしてください。完全な匿名であれば、投稿により身元が特定されることはない、とは決して考えないでください。

（Yahoo! Message Boards の利用規約より抜粋）

☀ ファンフォーラムの例

Talk about new clip!

▶ **honeybunny8989** (Jun-8, 02:32)
thanks folks! can't waitXD

        folks みんな（呼びかけ）

▶ **wife4ever** (Jun-8, 02:28)
Yeah, That is what I thought, I noticed it wasnt on ANY of her cd's that I have. I hope she comes out with a new cd soon.

▶ **hwctor777** (Jun-8, 02:14)
no.this song is not included in any CD from her. Is possible that could be included in future albums.

▶ **honyebunny8989** (Jun-8, 02:01)
is this from first album? if not what cd?

▶ **londonbeats2010** (Jun-8, 01:53)
ya me2!Outrageous song!!!! This song is awesome! Spanx :]

        spanx かっこいい

▶ **amc** (Jun-8, 01:47)
I totally agree with Loveinfox

▶ **Loveinfox** (Jun-8, 01:32)
nice one!hoping a new album comes soon then!

▶ **MR.WRIGHT** (Jun-8, 01:20)
Aaw,this is soooo great!

▶ **JAY2** (Jun-8, 01:15)
me 2! She rocks!she's rules!

        be rules 最高

▶ **amc** (Jun-8, 01:00)
omg! this song so freakin cool <3

        freakin とても

新曲のクリップについて語ろう！

honeybunny8989：みんなありがとう！　待ち切れないね！

wife4ever：私もそうかなと思ってた。どのCDにも入ってないし。早く新しいCD出してほしいよね。

hwctor777：違うよ。これまでのCDには入ってないから、新しく出るアルバムに入るんじゃないかな？

honyebunny8989：これファーストアルバムに入ってる？　じゃなきゃどのCD？

londonbeats2010：俺も〜。この曲めちゃイケてるね、サイコーにかっこいい！

amc：私もLoveinfoxさんと同じく！

Loveinfox：いいじゃん！　アルバム早く出ないかな？

MR.WRIGHT：うーん！　すばらしい！

JAY2：僕もそう思う！　彼女イケてる！　彼女が一番！

amc：わぁ！　この曲いいね！

2 気持ちや意見を伝えるコメントの表現

　ブログや BBS を閲覧して、「だいぶ慣れてきたかな」と思ったら、自分の思ったことや感じたことをコメントしてみましょう。最初は勇気がいるかもしれませんが、I'm Japanese.「日本人です」とか I'm posting from Japan.「日本からコメントしています」などと最初に断ってしまえば、あとは参加しているうちにコメントのコツがつかめてくるでしょう。他のメンバーの発言のしかたなども参考にしてみてください。

☀ シーン別・使えるコメント

😊 ほめる

This is a great forum!　いい感じだね！

Thanks for putting this forum together.　掲示板に上げてくれてありがとう。

This is a fascinating bulletin board!　魅力的な掲示板だね！

I don't think I'll find a better place than this.
　これ以上いい感じのところは見つからないんじゃない？

You're doing a good job!　君、いい仕事してるね〜！

Keep at it!　この調子！

You're doing a great job with this!　すばらしいですね！

How do you do it?!　どうやったんですか?!

I check this BBS everyday!　この掲示板はいつもチェックしてます。

You're a great photographer.　写真撮るの上手ですね！

Hi linkinfreak, thanks so much for your wonderful blog!
　リンキンフリークさんこんにちは。素敵なブログですね。

I really enjoyed your pictures of your recent trip.
　旅行の写真を楽しく見させてもらいました。

I read your blog every day.
　あなたのブログ毎日読んでます。

You make some great insights in this blog.
　ブログですばらしい洞察力を披露してらっしゃいますね。

When did you start writing?
　（ブログを）書き始めたのはいつ頃ですか？

第 4 章　ブログ・BBS・SNS で広がる世界

You're a great writer/photographer!
あなたはすばらしいライター／写真家ですよ。

I'm a big fan of yours.　あなたの大ファンです。

Keep writing/taking pictures!　書き／写真撮り続けてくださいね。

Best movie ever.
これまでで最高の映画ですね。（Best singer ever. などとも使える）

😀 けなす

You don't know what you're talking about!
自分で何言ってるかわかってるのか？

Who put this crap online?　誰がこんなもんをネットに公開してんだ？

Someone should take away this guy's computer!
誰かこいつからパソコン取り上げてくれ！

This is what's wrong with the Internet.
これがネットのダメなとこだね。

That's nothing new! Say something original!
ありがちなこと言いやがって。オリジナルなこと言えないのか？

That vid was horrible!　この映像最悪！　＊ vid = video

That was the worst video ever!　今まで見た中で最悪の動画だ！

Get a job!　仕事でも探せ！（他にやることあるだろう）

Been there. Done that.
もうわかってるよ。（そこにも行ったし、それもやった。もう説明不要）

I'm never posting on this forum again.　ここへは二度と書き込まないよ。

😀 賛成

This is a great idea.　いい考えですね。

You said it!　君の言うとおりだね！

You got that right!　そのとおり！

I agree with the OP.　＊ OP は original poster の略
トピ主（投稿者、トピックを立てた人）に賛成です。

I feel the same way!　同感です！

I agree with Ray.　私はレイさんに賛成だな。

😠 反対

That's not right.　それは間違いです。
I can't go along with that.　それには賛成できないな。
I don't think so.　僕はそうは思いません。
Do you really think so?　そうかなぁ。
Are you sure of your facts?　その情報は確かですか？
Who said that?　誰がそんなことを言ったのでしょう？
Is that so?　そうでしょうか？
I really don't agree with what you say here.
　　あなたのここでの発言には大反対。

😊 お礼

Thanks for the info.　教えてくれてありがとう！
Cheers!　ありがとう！
Thanks for providing the info.　情報ありがとうございます。
Thanks for that.　お礼を言うよ！
Thanks so much for all your help.
　　お世話さまです。(何かをしてもらったときのお礼)

😃 感情

Let's all calm down.　みなさん落ち着きましょう。(討論が激しすぎる場合)
I'm really happy to hear that!　それを聞いてうれしい！
Congratulations!　おめでとう！
That's wonderful!　よかったですね！
Way to go!　よかったですね！
I knew you could do it!　あなたならできると思いましたよ！(さすがですね！)
I'm glad things worked out for you.　うまくいって何よりです。
I envy you.　いいなぁ～。
No way!　ありえない！
Get out!　信じられない。
Just my two cents.　あくまでも私の意見ですが。
　＊ put in my two cents. (大したことじゃありませんが) に由来

第4章　ブログ・BBS・SNSで広がる世界

😊 あいさつ

Nice to meet you! はじめまして！

Sorry to interrupt. 途中から失礼します。

Can I join? 仲間に入れてもらっていいですか？

I'm Japanese, so my typing might be slow.
日本人なので打つのが遅いかもしれません。

I'm new to this forum 新参者です。

i'm back! 戻りました！

Here i am! 来たよ！

Gotta go. もう行くね。

I'm off. もう終わります。

gtg, got to go じゃあね。

I usually just lurk here. いつも読み逃げしちゃってます。

It's getting late, so I'm going to sleep. もう寝る時間なので寝ます。

Yawn. I'd better be getting to bed. ふぁ〜あ。もう寝ます。

I'll come back again. またのぞきにきます。

Good talking to you. 話せてよかったです。

My 1,000th post! 1,000番目の方です！

Any questions? PM me. ＊PM=private message
質問あったら、メッセください。

🤔 質問や希望

This might be a stupid question, but ... くだらない質問かもしれませんが…。

If anyone knows the answer, please let me know.
知っている方いらしたら教えてください。

Is that really true? それは本当ですか？

Keep the info coming! 情報よろしく。

Where did you get that information? どこでその情報を得られますか？

I'm just a newbie, so please explain it to me. 初心者なので教えてください。

What does that mean? それってどういう意味ですか？

Pinging BJ. BJさんはいますか？（最近コメントしない人への呼びかけ）

I'm confused by a couple of points Ken made earlier.
ケンさんの言いたいことがちょっとわかりません。

Why the hate? どうしてそんなに激しく非難しているの？

☀ ネイティブがよく使う、気持ちを表す擬音語・擬態語

Oops! おっと！
Hahaha ... アハハ！
YAWN ふぁーあ…（あくびの音：退屈なキモチを表す）
Hmmm そうですねぇ…
PHEW 焦ったぁ
NOOOOOO! だめ〜〜〜〜！！
sigh* あーぁ（ため息）
Borrrrring! つまらない！
Sweet! いいねぇ！　最高だね！
Pffft バカ！

☀ ネット独自の表現

　ネットでのコミュニケーションの場では、ネット独自の省略語や顔文字、絵文字などがたくさん使われています。

　チャットやメール、掲示板ではそれらが飛び交っているので、ついていけないなんてこともあるかもしれません。知らないと見当もつかないものだらけ。

　「ネットの用語集」で、ネット独自の省略語や顔文字をまとめておきましたので、よく使われるものはぜひ覚えておきましょう。 ➡ P.338

　また、「私」を表す"I"や、行頭の文字など、本来大文字にするべきものを小文字で書くこともよく見られます。速く入力するためという理由もありますが、その場の雰囲気や好みに合わせて表記や文体を変えるのは、日本語のネットの世界と同様ですね。

☀ leet って知ってる？

　leet（リート、1337、l33t）とは、英語圏のインターネットの掲示板やチャット、オンラインゲームなどでのやりとりで使われるラテン文字を使用した表記法で、leet speak（リート・スピーク）とも呼ばれます。

　"leet" とは "elite" が "eleet" に変化し、さらに e が取れてできたネットスラング。単語もしくは文の一部を、アルファベットに似た数字や記号などに置き換えます。≠ｬ几などと表記する日本のギャル文字のようなもの。たとえば speak は sp34k となります。

　一瞬では理解されないように、あるいはわかる人同士でしかわからないように使い始めたとされています。

　2007 年には、leet 語である「w00t」が、メリアム・ウェブスター社によって毎年選定される Word of the Year（流行語大賞）に選ばれました。w00t は「woot（we owned the other team）」の o をゼロに置き換えたもので、「やった!!」と成功の喜びを表すときにオンラインゲームや掲示板などで使います。

　Computer Hope.com の **Leetspeak** では、単語を入力すると leet 語に変換してくれます。

　そしてなんと leet を使った**ハッカー版 Google** も存在します。leet 語に慣れてきたら、試しに検索してみてください。

URL Leetspeak ▶ http://www.computerhope.com/jargon/l/leetspea.htm
　　Google H4x0r ▶ http://www.google.com/intl/xx-hacker/

ここでクイズです。以下の leet 表記は何と読むでしょう？
① w@rez
② DRIV3R
③ ur 53xy!

leet のアルファベット対応表 ➡ P.350

4-3 SNSで世界中の人とコミュニケーション

1 英語でさらに広がるSNSの輪

　SNS は Social Networking Service の略で、簡単に言ってしまえばネット上の社交場です。興味のあることをみんなで共有し、自分の思ったこと、体験したことなどを、ネットを通して知り合いに伝えることができます。自分からの発信だけではなく、仲間の情報を受信することができ、双方向のコミュニケーションをとることができます。ビジネス方面でもこの機能をうまく利用して、社員同士のコミュニケーションやプロジェクトなどの情報共有などのために社内SNSを導入する会社も増えています。うまく活用すればとても便利なツールとなることでしょう。

　ただし、顔が見えないという特性により、表現のしかたによっては誤解を与えるようなこともあるかもしれません。双方向に「つながっている」ということを常に意識し、常識ある行動を心がけましょう。

　日本ではSNSと言えばmixi（ミクシィ）ですが、世界規模ではアメリカ発の **MySpace**（マイスペース）が最も会員数が多く有名です。現在は日本語版もありますが、プロフィールなどを英語で併記しておけば、世界中に友人ができるかもしれません。

　学生SNSから始まった **Facebook**（フェイスブック）もメンバーを増やし続けています。現在ではアバターと呼ばれるネット内の分身を使ってコミュニケーションをする「仮想社会サービス」の代表格 **Second Life**（セカンドライフ）と連動し、SNSと仮想社会の一体化が試みられています。

URL MySpace ▶ http://www.myspace.com/
　　　Facebook ▶ http://www.facebook.com/
　　　SecondLife ▶ http://secondlife.com/

2 MySpace を使ってみよう

　MySpace は、会員登録してアカウントを作れば無料で利用できます。プロフィールなどは会員でなくても見ることができます。自由にレイアウトができたり、トップページで好きな曲を流せたりなど自分好みにアレンジができるのが特徴。

　会員の種類は「ユーザ」と「アーティスト」の２種類に分かれています。ほとんどの機能は同じですが、アーティストは音声ファイルの公開など登録内容においてユーザと多少の違いがあります。

☀ プロフィールの項目
　全体に公開されるプロフィールが、その人のメインページになっています。プロフィールの内容はそれぞれ任意で公開できます。
＊ひとことコメント
＊自己紹介欄
＊フレンドになりたい人
＊興味全般
＊音楽
＊映画
＊テレビ
＊本・マンガ
＊ヒーロー
などがあります。

　各項目に入力しておけば、他の会員があなたがどんな人なのかを知るヒントになります。同じ趣味を持つ人からメッセージが来るかもしれません。特に同じアーティストのファンはメッセージを送り合ったりするようです。

☀ ひとことコメントと自己紹介欄の例

> Hi, everyone! 27 year old Mommy.
> In 2006 I married my college sweetheart, Taro.
> Miyu, my gorgeous daughter, is 2.

I want to make lots of friends, especially mommies are welcome!
こんにちは。27歳の母です。
2006年に大学時代の恋人、タロウと結婚しました。
私の愛娘ミユは2歳です。
たくさんの人と友達になりたいな。
特にお母さんたちは大歓迎！

Hi, I'm Yoko, a university student in Sapporo, Japan.
I've been interested in other countries for several years, especially northern Europe and also Australia. I'm thinking of going to study English in Australia in the future, so it would be great if I could meet some friends from there.
I'm into snowboarding and reggae music.
こんにちは、ヨーコです。日本の札幌の大学生です。ここ数年、海外、特に北欧とオーストラリアに興味があります。将来英語をオーストラリアで勉強し、友達を作りたいと思っています。スノボとレゲエにハマってます。

My hobbies are studying languages, reading books and manga, listening to music, going to karaoke, watching anime and movies and playing the guitar. I'm really into music--can't live without it! I'm a fan of Aerosmith and also Queen.
But basically, I listen to all types of music except R&B and reggae.
僕の趣味は語学学習、読書、マンガ、音楽鑑賞、カラオケ、アニメ、映画そしてギター演奏などなど。特に音楽に夢中でそれなしじゃ死んだほうがマシ！ エアロスミスとクイーンが本当に好きです。基本的にR&Bとレゲエ以外は何でも聴きます。

★コミュニケーションの広げ方

　会員同士でのメッセージの送受信はもちろん、プロフィールに文面や画像が載るコメントをつけたり、フレンド全員にメッセージを送ったりできます（Bulletin）。

①興味のある「グループ」に入る

　自分の好きなものや気になる分野のグループを探してみましょう。自分と似た感覚の人や、同じ気持ちを共有できる仲間が見つかるかもしれません。特に

海外のアーティストやスポーツ選手などのグループでは、世界中のファンが英語でコミュニケーションを取り合っています。まずは掲示板で様子を見て、参加できそうならひと言でもいいので書き込んでみましょう。

②気になる人には「フレンドリクエスト」
　グループの掲示板などで、自分と気の合いそうな人や、仲良くなりたい人がいたら、どんどん「フレンドリクエスト」をしてみましょう。承認されればお互いのフレンドページに写真と名前が載ることになります。

😊 **フレンドリクエストの例**

> **Subject：件名**
> **Please add me to your friends list.**
> **Can you add me to your friends list?**
> フレンドリストに追加してください。
>
> **Body：本文**
> **Hi. Sorry for writing out of the blue like this, but I saw your comment on the "We Love Rooney" forum.**
> **Could you please add me to your friends list? Thanks a lot.**
> こんにちは。突然のリクエストすみません。「We love Rooney」のグループの掲示板であなたのコメントを見て、ぜひフレンドリストに追加してくれないかなと思いました。もしよかったらお願いします。　　　　　＊ out of the blue　突然、予告なしに
>
> **Hi there,**
> **I read your profile and I noticed that we have the same hobbies.**
> **I really like French movies too.**
> **If you don't mind, could you add me to your friends list? Thanks!**
> はじめまして。
> プロフィールを読んで、私と趣味が似ているなと思いました。私もフランス映画が大好きなんです。
> よかったらフレンドリストに追加してくれるとうれしいです。よろしく！

📧 メッセージが来たら

> **Subject：**件名
> **Thanks for your request!**
> リクエストありがとう！
>
> **Body：**本文
> **Are you a fan of Rooney too? Of course I'll add you to my friends list.**
> **If you have any good information, please send me a message.**
> あなたもルーニーのファンなんですね！　もちろんフレンドに追加させていただきます。何か情報があったら、メッセージくださいね。
>
> **Thanks for your message. I'm not good at English, but I'll do my best.**
> メッセージありがとうございます。あまり英語が得意ではありませんが、頑張りますのでよろしくお願いいたします。

😎 使えるフレーズ

How long have you been a fan of his/hers?
いつからファンなんですか？

I love her sound/lyrics.
彼女の音楽／歌詞が大好きです。

Have you ever seen him in concert?
ライブへは行ったことありますか？

What is your favorite song of hers?
どの曲が一番好きですか？

Have you heard their new album?
新しいアルバムはもう聴きましたか？

I heard they're going on tour this year.
今年ツアーをするみたいですね。

What other musicians do you like?
ほかにはどんなアーティストが好きですか？

What's your favorite movie?
どの映画が一番好きですか？

Which of his characters did you like the best?
　　どの役が一番よかったと思いますか？

I'm checking out all of the movies he's been in!
　　彼の出る映画は全部チェックしています！

For me, that wasn't his best album.
　　あのアルバムは私的にはイマイチだったかな。

Who's your favorite player?
　　特にどの選手が好きですか？

Have you ever been to one of their games?
　　試合を生で見たことありますか？

Do you think they'll win the championship this year?
　　今年は優勝できると思いますか？

He always plays well, doesn't he?
　　彼のプレーはいつ見ても素晴らしいですよね。

I used to play baseball too.
　　私も昔は野球をしていました。

Are there any Japanese players that you like?
　　日本人選手で好きな人はいますか？

I really respect Nomo.
　　私は野茂を心から尊敬しています。

第 5 章

ウェブサイトの情報を
読みこなす
日本語の情報だけで本当に満足していますか

何か調べるとき、わからないことがあったとき、海外発の情報はほとんどが英語で書かれているでしょう。これを見逃してはもったいない！　情報検索のちょっとしたコツさえつかめば、そう難しいことはありません。

5-1 Google 検索の基本と応用
ネットの検索サービスの定番である Google を使う際の基本的な知識と、さらに楽しむための機能を解説します。

5-2 Yahoo! の各国サイト探訪
Yahoo! 各国版のトップページをチェックしてみます。外国のポータルサイトを訪ねると、その国で一番旬な話題がわかります。

5-3 ニュース＆情報サイトを使いこなす
知識と英語力を一石二鳥でゲットするために、ニュース記事を読むためのポイント、おすすめサイトを紹介します。

5-4 新しいネットのツールを使いこなす
ここ2〜3年ですっかり普及した動画をはじめとする、新しいネットのコンテンツを上手に楽しむための情報をまとめました。

5-1 Google 検索の基本と応用

1 Google は検索エンジンの代名詞

　英語圏では、「Google」を「検索エンジンを使って検索する」という意味の動詞として使い、何でも Google を使って調べる人のことを Googler と言います。日本語でも検索することを「ググる」と言いますね。まずは検索エンジンの基本である Google をとっかかりにして、検索の幅を広げていきましょう。

☀ Google ができるまで

　Google の検索システムは、スタンフォード大学で博士課程に在籍していたラリー・ペイジとセルゲイ・ブリンによって開発された検索エンジン BackRub（バックラブ）が原型となっています。本来は研究プロジェクトとして始められたものでしたが、ペイジとブリンの2人は、このシステムをもとに 1998 年に Google 社を設立しました。

☀ 社名の由来の秘密

　社名の Google は、googol（グーゴル：1 グーゴルは 10 の 100 乗という意味）という言葉のスペリングミスにより生まれました。1997 年にペイジたちが新たな検索エンジンの名前を考え、ドメイン名として登録するときに、googol.com を誤って google.com としたのだそうです。

☀ Googleplex とは

　カリフォルニア州にある Google 本社の社屋は Googleplex と呼ばれています。各国の料理人が腕をふるう無料ランチや、いつでも利用できる健康・レクリエーション施設、遊び道具やペットを持ち込み可能なオフィスなど、福利厚生が充実し、楽しく自由な文化を取り入れていることでも有名です。

　オフィスには巨大なホワイトボードがあり、社員が自分のアイデアを自由に書き込んで、マスタープランの素となっているようです。これは Google の世界観や将来の目標を象徴するものと言えるでしょう。

☀特別なデザインに変わるロゴ

　Googleのトップページに出てくるロゴは、見慣れたスタイルのほか、季節の変化や記念日によってアレンジされています。ロゴ遊びは、Googleが創業者の2人だけで運営されていた1998年頃からやっていたそうです。砂漠の真ん中で行われる「バーニングマン・フェスティバル」という芸術祭に2人がそろって参加するため、サーバが一時的に管理者不在になることを知らせるために、ロゴに絵を加えたのが始まりだそうです。2008年現在ロゴデザインを手がけているのは、スタンフォード大学出身のデニス・ホアン。

　母の日やバレンタインデー、キング牧師の記念日、ブロックのおもちゃLEGOの50周年など、楽しいアレンジに遊び心たっぷりの社風が感じられます。過去に使用された特別ロゴは **Holiday Logos** のページで見ることができます。

URL More Google: Holiday Logos ▶ http://www.google.com/holidaylogos.html

☀「グーグル八分」とは

　グーグル八分とは、「村八分」をもじった表現で、Googleの検索結果から外されることを言います。Googleが提供する検索サービスの検索結果一覧から特定のサイトを取り除き、それらのサイトを表示しないようにすることを表します。

　犯罪にからむサイトや、検索エンジンスパム（検索結果の上位に表示されるよう不適切な仕掛けをしたサイト）と判断されたサイトなどがその対象になるようですが、Googleは検索情報として提供する情報自体はGoogleが主体的に決定できるものであり、Googleが任意にそのようなことをする権限を持つ、としています。

　Googleによる検閲行為を表す英語に "Google Censorship" という言葉がありますが、これは各国政府の要請によるもの（軍事機密に関係するものなど）をさすことが多いようです。

2 Googleで検索する

☀ 基本検索のしかた

まずは Google のメインサービスである「キーワード検索」から使い始めてみましょう。検索方法の基本は日本語でも英語でも変わりません。

トップページの左上には、ウェブ、画像、地図、ニュース、グループ、Gmail、more とあります。more というのは、さまざまな機能やサービスの入り口となっていて、クリックすると書籍、ブログ、カレンダーなどが表示されます。「ブログ」はブログ内から検索したいときに使い、「書籍」は「ブック検索」と言い、登録された書籍の全文から検索できます。

右上には、iGoogle、ログインがあります。iGoogle は、トップページによく使うコンテンツを集めて、自分仕様にカスタマイズできる機能です。

まず、ウェブ全体から検索する方法です。

検索ボックスに、調べたいことについてのキーワードを入力して Google 検索 をクリックします。複数のキーワードを入れるときは、日本語と同様にキーワードの間にスペースを入れます。 ➡ P.272

Google 検索 ではなく、I'm Feeling Lucky をクリックすると、最上位のサイトを直接表示します。

Google features ©Google Inc., 2008. Reprinted with Permission.

ニュース検索

次は、「Google ニュース」から検索する方法です。

トップページの「ニュース」をクリックするとGoogle ニュースの画面になります。ニュースにはニュースサイトから最新記事の見出しが収集されていて、それぞれもとの記事にリンクしています。検索ボックスに、調べたい記事・事件のキーワードを入れ、ニュース検索 をクリックすると、ニュース記事の中から、そのキーワードに合致するものが検索されます。

英語のニュース記事を見たいときは、プルダウンメニューでU.S.（アメリカ）かU.K.（イギリス）を選択すると、4,500以上の英語のニュースソースから、関連記事が検索できます。

アラート機能でニュースをチェック

アラート機能を使えば、指定したキーワードに一致するニュース記事が配信されたときに、メールで送信されます。気になるニュースの動向や業界の最新情報を入手するのに大変便利です。やり方は至ってシンプル、任意のキーワードをあらかじめ設定するだけ。あとはニュースが更新されたときに、あらかじめ登録したメールアドレスに更新状況が送られてきます。自分でその都度探さなくても、必要な情報だけが送られてくるのでとても便利です。

この機能はニュースだけでなく、ウェブ検索にも利用できます。アラートの頻度は「その都度」「1日1回」「1週間に1回」の中から選択できます。

ニュースアーカイブ検索機能

過去200年以上のニュースが検索できるGoogle News archive search も、とても便利な機能です。たとえば、sony playstation というキーワードで検索

すると、それに関する記事が表示されます。Last Hour、Last Day、2007、before1997 など年や期間ごとに区切った検索も OK です。

2008 年 3 月時点ではアメリカ版の Google News のみでのサービスになりますが、英語以外の言語による検索も可。まだ多くはないようですが、日本語の過去のニュース記事も探せます。News Archive Search の Advanced archive search で、言語の［Return results written in］を［Japanese］に設定すれば、日本語ページのみの結果が得られます。

検索結果を絞る

検索結果があまりにも多いときは、キーワードを増やして情報を絞り込んでいきます。

たとえばアメリカのバスケットボールについて調べたいとき、basketball と U.S.A. の 2 つのキーワードで検索するとどうでしょう。なんと 500 万件以上もの検索結果が表示されました。

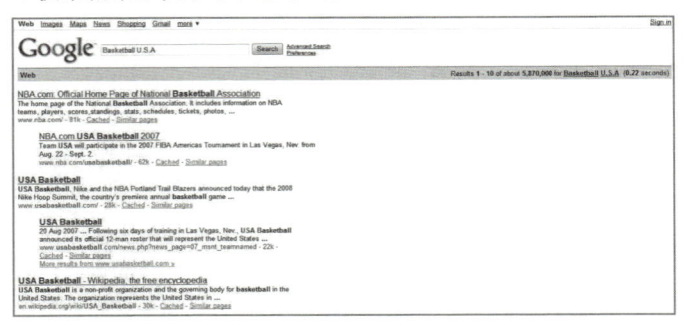

さらに NBA というキーワードを追加すると、約 35 万件になりました。

これは本当におおざっぱな例ですが、このようにキーワードを追加して検索結果を絞っていきます。ここでさらにキーワードを増やし、たとえばお気に入りの選手名を入れるなどして絞り込んでいくといいでしょう。

ただし、キーワードが思いつかないときは、検索結果トップの NBA.com に行き、そこで Team のタグから興味のあるチームの情報を得るという方法もあります。

いつも検索結果のトップのページがよい、というわけでもありませんので、検索結果の解説なども参考に、これが最適かな？　と思われるサイトへ行ってみましょう。

3 少しの応用技でスムーズ検索

　検索結果からなるべく自分が欲しい情報のみに絞り込んでいくため、キーワードを複数にすることは、前ページで解説しました。
　ここではそれ以外にも、検索する際に知っておきたいコツをいくつか紹介します。日本語での検索とほぼ共通する方法ですが、情報量が多くて見当がつきにくい英語ページを検索するときには、さらに役立つはずです。

☀ キーワードにマイナスをつける

　除外したいキーワードがある場合は、そのキーワードの前に -（マイナス）をつけます。
　アポロ13の情報を知りたいが、キーワードを Apollo13 とだけした場合、映画（1995年製作、トム・ハンクス主演）の情報も入ってくると予想がつきますね。映画の情報はいらないというときは、Apollo13 の後にスペースを入れ、-movie と、除外するキーワードの前にマイナスをつけます。
　このとき、ニュース記事に限って検索したいときは、Google ニュース検索を利用します。

☀ フレーズ検索

　キーワードをダブルクォーテーション（" "）で囲むことによって、そのフレーズのまま含まれるウェブページが検索できます。
　アメリカのアップルパイについて興味があり、作り方も調べたいなどというとき、American Apple Pie と入力した場合は、"as American as Apple Pie"（アップルパイのようにアメリカ的な）というイディオムを含むウェブページも検索結果に表示されます。途中に違う単語を挟まず、その順番のままひとかたまりで検索したい場合、"American Apple Pie" とダブルクォーテーションで囲みます。

☀ OR 検索

　キーワードの間に大文字で OR を入力することで、そのキーワードのいずれかを含むページが表示されます。

☀ 意味を調べる define

日本語版でも、語句の意味を調べたいときは「○○とは」のように「とは」をつけて検索するテクニックがあるのはご存じですね。英単語の意味や用法を調べたいときは次のようにしましょう。

たとえば、patent という語について調べたいとき。

define:patent と入力し検索すると、patent という語の定義が表示されます。リンクの部分をクリックして、サイトに移動してさらに情報を得ることも可能です。

☀ よく使う検索コマンド

① intext:キーワード

本文にそのキーワードが含まれるサイトを検索します。

② allintext:キーワード

本文にそれらのキーワードがすべて含まれるサイトを検索します。

③ intitle:キーワード

タイトルにそのキーワードが含まれるサイトを検索します。

④ allintitle:キーワード

タイトルにそれらのキーワードがすべて含まれているサイトを検索します。

⑤ inurl:キーワード

URL にそのキーワードが含まれるサイトを検索します。URL の一部分しか覚えていないときに便利です。

⑥ allinurl:キーワード

URL にそれらのキーワードがすべて含まれるサイトを検索します。

⑦ ファイル形式を指定して検索したいときは、filetype:拡張子

PDF ファイル	filetype:pdf	
Word ファイル	filetype:doc	（Office2007 では docx）
Excel ファイル	filetype:xls	（Office2007 では xlsx）
PowerPoint ファイル	filetype:ppt	（Office2007 では pptx）

⑧ site:URL　キーワード

指定したサイト内の検索を実行します。

　例 site:www.fox.com 24（FOX のサイト内でドラマ「24」を検索）

⑨ date:日付

指定した日付を含むサイトを検索します。

⑩ safesearch:キーワード

アダルトコンテンツを除外して検索します。

例 safesearch:adult （成人に関する情報をアダルトページを除いて検索）

⑪ allinanchor:キーワード

リンクやアンカーテキスト内に含まれる文字のみを検索対象にすることにより、第三者がそのキーワードに関する情報を紹介した記事が見つかります。

⑫ site:URL　無料 " 壁紙 " もしくは free "stock images/icon" など

ソーシャルメディアのサイト内を検索し、無料の壁紙やテンプレートなどのフリー素材を検索できます。

例 site:b.hatena.ne.jp free "wallpaper" （はてなブックマークから探す場合）

⑬アーティスト名　mp3（もしくは wma）

音楽ファイルを探すときは、アーティスト名を英語で入れて、スペースを空けてから mp3 など音楽の拡張子を入力すれば検索可能。mp3 で見つからない場合は、wma に変えてみましょう。

☀「検索されない」文字やキーワード？

①ストップ語

一般的すぎるキーワードは、「ストップ語」として検索から外されます。代名詞、冠詞、数字、文字 1 文字、"http" や ".com" は自動的に無視されます。ストップ語を検索に含めたいときは、ストップ語の前に半角 "+" を付けるか、ストップ語を引用符でくくりましょう。"+" の前に必ずスペースを入れること。

②ステミングとワイルドカード

Google の基本検索では、「ステミング」（単語やフレーズの複数形や変化形などの類義語を検索できるようにするための技術）、「ワイルドカード」検索（「*」を任意の文字または単語・フレーズとして検索する）ともサポートしない、と書かれています。しかし実際の検索では、部分的に運用されています。

③大文字と小文字の区別

Google では英語の大文字・小文字を区別しません。どちらを入力しても、小文字として認識し検索を行います。たとえば、「GOOGLE」と「GoOgLe」の検索では同じ結果が表示されます。

✲検索条件を一度に設定

　複数の条件を一度に設定するときは、検索オプションのページで設定しましょう。英語版では、検索ボックス横にある Advanced Search をクリックし、そのページで設定します。

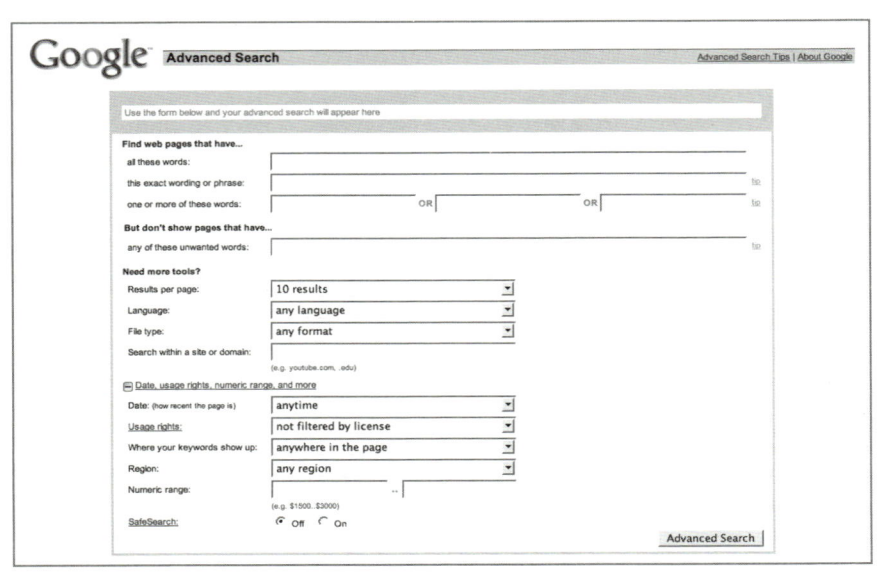

4 いろいろな Google 機能を使ってみよう

☀ Google Maps で旅行気分！

　Google Maps では、お店やサービスも調べられるので、旅行のプランを立てている人には便利です。仕事で忙しいときなどに、行きたい場所を見てみるのもちょっとした息抜きになります。ハワイの海岸や、ヨーロッパの小道をネット上で散歩気分が味わえます。

　テネシー州の地図を表示させたいと思い、たとえ Tenessy とスペリングを間違っても "Did you mean:Tennessee?" と表示されるのは心強い限り。

　マップ上の位置が吹き出しで表示されます。

　衛星写真で見たいときは Satellite をクリックします。

　さて、テネシー州 Germantown 近辺を訪れるとしましょう。

　Tennessee　Germantown と入力し近辺の地図を表示させます。pizza のお店を調べたいときは、さらに pizza とキーワードを入れ Search Maps をクリックすると、お店の場所が地図上に表示され、左にそのお店の情報とリンクが表示されます。

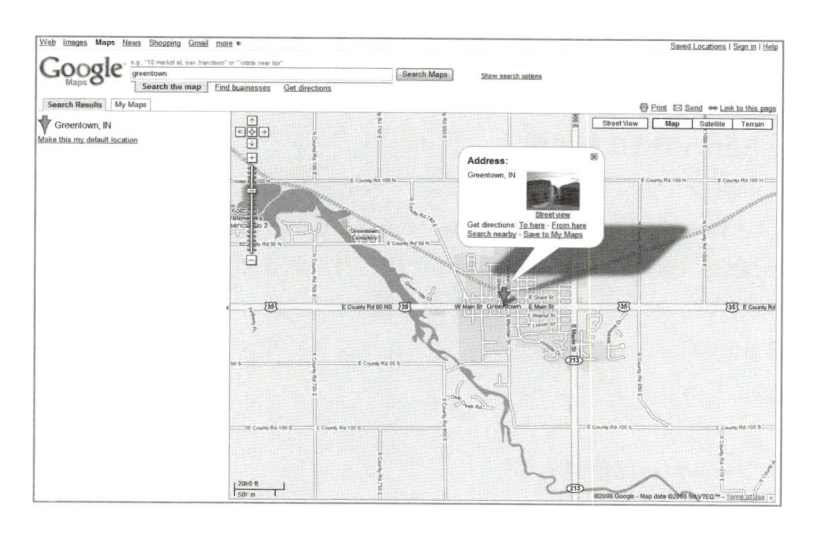

　このように地域限定でお店の情報を調べたいときは、全ウェブサイトから検索するより Maps で検索したほうが早いのです。

☀ Google Street View でアメリカの都市を散策

　Google Maps には Google Street View という機能があり、実際に道路に立った視点で町を見ることがきます。ニューヨーク、シカゴ、マイアミ、ラスベガス、サンフランシスコに始まり、いろいろな都市の情報が追加されています。

① Google Street View へ　　URL http://books.google.com/help/maps/stereetview/
② Go to street view をクリック
③ アメリカ全土の地図から、見たい都市のカメラのアイコンをクリック
④ 町の地図が出てくるので、今度は人型アイコンをクリック
⑤ そのアイコンの目線で実際の風景が表示されます。ドラッグでアイコンを動かし、町を散策してみましょう。

☀ Google で世界中のウェブカメラを探す

　世界各地に設置されたウェブカメラでは、自宅にいながらにして観光地や秘境などのライブ映像を見ることができますね。Google ではそのウェブカメラをまとめて検索することができます。

　検索ボックスに「inurl:ViewerFrame?Mode=」と入れるだけ。これだけでいろんなウェブカメラが見つかります。

☀ Google Earth で3Dを体感

　人気の Google Earth（無料ソフト）をインストールし試してみるのも面白いでしょう。Google Earth Community（Google Earth コミュニティ）や Build 3D models（3Dモデルの作成）などは、日本語未対応のサービスです（2008年3月現在）。ぜひ英語版で試してみましょう。

　Google Earth だけでなく Picasa（写真共有ソフト）なども同時にインストールする Pack もあります。

☀ Google ツールバーは便利！

　Google ツールバーをインストールすると、いつものブラウザに検索ボックス、よく使う機能のボタンなどを常時表示させておくことができます。

　マウスオーバー辞書機能を利用する際にも、このツールバー機能が必要です。 ➡ P.306

日本語、英語を問わず、スピーディーな検索のためにぜひ利用したいツールです。

Google ツールバー
URL http://toolbar.google.com/T4/intl/ja/index_pack.html　（Internet Explorer 用）
　　 http://www.google.com/tools/firefox/toolbar/FT3/intl/ja/　（Firefox 用）

☀日本語未対応の機能を先取り？
　日本語未対応の Google 検索機能としては、アメリカ国内の特許とその内容について文書が検索できる **Patent Search** などがあります。Google 英語版のサービス内容はトップページ下の **About Google** をクリックし **Our Products → Google Services&Tools** で確認することができます。**Labs**（実験室）には、常に新しく楽しいサービスのお試し版が公開されています。

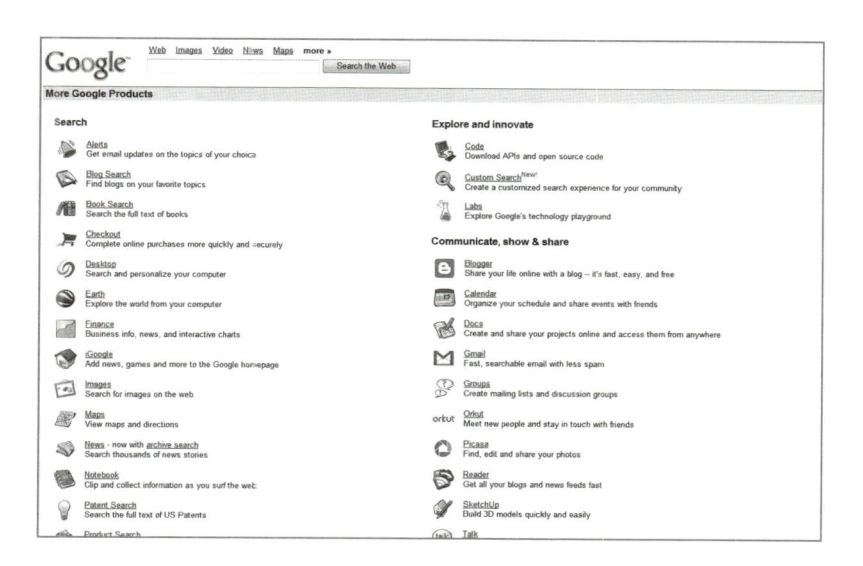

第５章　ウェブサイトの情報を読みこなす

5-2 Yahoo! の各国サイト探訪

☀ **トップページを比較してみる**

　日本版とアメリカ版、イギリスおよびアイルランド版のトップページを見てみましょう。トップページはユーザーの使い勝手のよいようにカスタマイズできるので、あなたのパソコンのブラウザ上では、必ずしも下のようにはなっていないかもしれません。

▼ Yahoo! JAPAN（日本版）のトップページ　　URL http://www.yahoo.co.jp/

▼ Yahoo! USA（アメリカ版）のトップページ　URL http://www.yahoo.com/

▼ Yahoo! UK & Ireland（イギリスおよびアイルランド版。以下イギリス版と表示する）のトップページ　URL http://uk.yahoo.com/

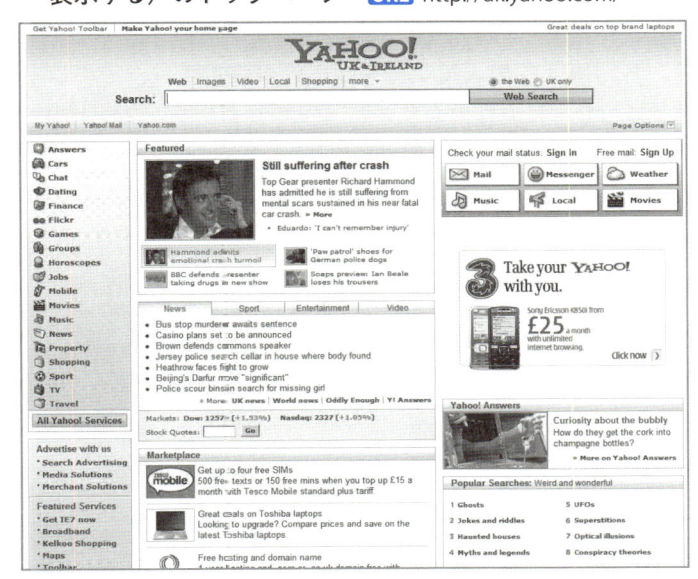

センター部分では、日本版ではトピックスがトップですが、米・英版はFeatured（特集記事）がトップにあり、トピックスに当たるのはその下に In the News、News とあります。

日本版のタブ：トピックス・経済・エンタメ・スポーツ・その他
アメリカ版のタブ：Featured・Entertainment・Sports・Video・
　　　　　　　　　In the News・World・Local・Finance
イギリス版のタブ：Featured・News・Sport・Entertainment・Video
アメリカ版にのみ World・Local・Finance があります。

では、左のカテゴリを見てみましょう。
アメリカ版・イギリス版はアルファベット順に表示されています。
アメリカ版：Answers・Autos・Finance・Games・Groups・HotJobs …
イギリス版：Answers・Cars・Chat・Dating・Finance・Flickr …
　Answers は、ウェブ上で質問し、ユーザーに回答してもらうものです。日本版の「知恵袋」と同じような機能です。
　車がアメリカでは Autos、イギリスでは Cars という違いがあります。
　イギリス版の Flickr は、オンライン写真アルバムサービスで、写真などを共有するものです。

　右のカテゴリは、各国版とも個人用ツール、広告が表示され、そのほか Yahoo! の各種サービス紹介、検索件数が多いニュースおよびキーワードの一覧などがまとめられています。

　各項目が表示される位置や大きさを比較してみると、各国のネットユーザーがどのようなサービスを Yahoo! に求め、多く利用しているかが、何となくわかってくるかもしれません。

◉世界のYahoo!の特徴は？

　日本、アメリカ、イギリス、フランス、ドイツあたりのトップページはほぼ似たような雰囲気ですが、まったく違うイメージの国もたくさんあります。その国々で特徴があるので、見て回るのも楽しいかもしれません。

オーストラリア：オーストラリアの大手放送局のSEVEN networkと提携したため、サイト名が"Yahoo!7"となっています。同様の理由でニュージーランドでは"Yahoo!Xtra"となっています。
中国：トップページの情報量がとても多いのが特徴。「中国雅虎」と表記します。ちなみに香港は「雅虎香港」と表記。
スイス：ドイツ語のほか、フランス語とイタリア語で表示できるようになっています。トップページは検索画面が中心でイラストアイコンなどがなく、すっきりシンプルです。
カナダ：英語版の"Yahoo! Canada"とフランス語版の"Yahoo! Québec"があります。スペインも同様に、スペイン語版のほかカタルーニャ語版があります。
デンマーク：小さいウィンドウサイズでシンプル。スウェーデンと似ています。ちなみにスウェーデンは、スウェーデン語で"Yahoo! Sverige"と表記。

5-3 ニュース&情報サイトを使いこなす

1 ニュース記事を読みこなすポイント

　昔は、仕事中などテレビやラジオのない環境にいると、その日に起きているニュースは帰宅してから知る、ということがほとんどだったかもしれません。それが今はネットから世界中の最新ニュース情報を得ることができるのです。

　新聞まるまる1部買わなくても、自分の好きな分野や、仕事で必要な記事だけをピックアップできるのもネットのいいところです。

　ニュースを読む、となると身構えてしまうかもしれませんが、実はニュースの記事は多くの人が読むことを想定して読みやすい文章で書かれているので、それほど難しくありません。いくつかポイントがありますので、読むときに意識してみてください。

ポイント1 興味のある記事を見つける

　いきなり政治・経済など難しい単語を使った記事から始めると、「やっぱり英字新聞は難しい…」と思うかもしれません。初心者ならば、ゴシップネタや、ちょっとした軽いエッセイなどから読んでみてはいかがでしょうか？　外国人の物の見方や文化を知ることができます。また人生相談や、暮らしのアイディアといったコーナーも短くて楽しく読むことができます。

ポイント2 読む習慣をつける

　最初は「ニュースかぁ。難しそうだな」と思うかもしれませんが、新聞は読む人にわかりやすく伝えるのが目的なので、英文自体はそれほど難しくありません。とにかく毎日でも毎週でもいいので、ニュースサイトにアクセスして、気になる記事を見つけるクセをつけましょう。いつの間にか習慣になり、英語を通じた世界の動きが身近に感じるようになります。Google のニュースアラート機能 ➡ P.271 を利用して、関心のあるテーマについて定期的に情報をチェックするのも効果的です。

　徐々に慣れていきますので、まずは読むことを習慣にしてみましょう。

ポイント3　最初は辞書に頼らない

　最初から辞書を引き引き読んでいると、なかなか進まず、せっかく読み始めた記事も楽しめずに、最後まで行きつかない可能性大です。最初は知っている単語だけで大まかに意味をつかみ、知らない単語が出てきたら前後の文脈から類推する程度で十分です。まずは英語を読むリズムを崩さずに、最後まで記事を読み通してみてください。2回目以降、じっくりと辞書で調べたりしながら詳細を理解するようにしたほうが、スムーズに全体の意味を把握できます。

ポイント4　何度も出てくる単語はメモする

　ニュースを読む習慣をつけると、同じような単語が出てくることに気づくと思います。毎回調べて、「なるほどね」で終わってしまうと、何度も調べ直すことになります。それも勉強にはなるかもしれませんが、調べることで流れがその都度止まってしまいます。

　そこで、「この単語、前にも出てきた？」と思うものは、パソコンのメモ帳などを活用して蓄積していきましょう。Excelを使ってアルファベット順に整理しておいてもいいでしょう。

2 厳選! おすすめニュースサイト

CNN.com International　URL http://edition.cnn.com/

　上のタブに Home、Asia、Europe、U.S.、World、World Business、Technology、Entertainment、World Sport、Travel とジャンル分けがあります。Asia をクリックすれば、日本も含めアジア各国のトピックが表示されます。
　そのジャンル分けのタブの右横に On TV、Video、I-Report、CNN Mobile があり、音声付きでニュース映像が見られます(日本語版にはなし)。ただし、映像や音声の再生については自分のパソコンの環境も確認してください。

BBC Learning English　URL http://www.bbc.co.uk/worldservice/learningenglish/

　BBC (British Broadcasting Corporation：英国放送協会)による、英語学習者向けのページ。News English は、音声を聞きながら英文ニュースを読み、時事的な単語の発音や意味も確認でき、利用価値大です。クロスワードやクイズで楽しみながら英語力をアップできる Quizzes and Exams などもあります。

VOA News - Learning American English With News and Feature Programs in VOA Special English　URL http://voanews.com/specialenglish/

　VOA (Voice Of America) とは、米国政府が海外向けに放送しているラジオ番組で、英語を母国語としない人々を主な対象としています。もともとわかりやすい VOA のニュースが、さらに英語学習を始めたばかりの人に聞き取りやすいスピードの音声で紹介されます。トピックによってニュースを検索し、興味のあることについて聞くのもいい勉強になるはずです。

3 ニュースの見出しは奥が深い

英語のニュースも日本語の見出しと同じように、見出しがそれぞれつけられます。ニュースの頭につくので head（頭）line（行）と呼ばれます。

限られた文字数の中で、読者を引きつけるようなインパクトのある文章を作るため、やや不自然な英語になっています。最初は慣れなくて戸惑うかもしれませんが、いくつかの特徴を押さえれば、さほど難しいことはありません。特徴的な言い回しに慣れると、本文の理解もスムーズに進むはずです。

記事が何について書かれているのかが一目でわかるので、どの記事を読むか探すときの参考にしましょう。

☀️見出しの特徴

①冠詞の省略

冠詞を省略することがしばしばあります。特に大きく意味が変わることはありません。

Stocks plunge most in 10 years
　　10年間で最悪の下落。

自然な英語 ▶ **Stocks dropped the most in 10 years.**

Study claims Bush told 900 Iraq lies
　　「イラク戦争突入へのブッシュ大統領900の嘘」を主張する調査

自然な英語 ▶ **A study claims that Bush told 900 lies that lead to the war in Iraq.**

②自然であるよりも、短くすることに重きが置かれる

文章を短い字数に収めるため、しばしば不自然な文法になることがあります。

Boycott cripples TV station
　　ボイコットでテレビ局打撃

自然な英語 ▶ **A TV station was hurt by a boycott.**

Scientist claims life on Mars
  科学者が火星での生命を主張

　自然な英語　A scientist claims that there is life on Mars.

③動詞の省略
　見出しでは、しばしば動詞を省略し、名詞を並べたりします。象徴的な名詞を使用するので、記事の内容はだいたいつかめます。

Oil prices spike
  原油価格高騰

　自然な英語　Oil prices increased sharply yesterday.

Popular actor dead at 28
  人気俳優28歳（の若さ）で死去

　自然な英語　A popular actor has died at the age of 28.

④単語は二重の意味を持つことがある
　ひとつの単語で２つの意味を持たせることがあります。

Band downbeat about judge's decision
  その決定にバンドは落胆した

　自然な英語　The band is disappointed with the judge's decision.

  ＊downbeat　1）がっかり　2）下拍（音楽用語）

Shipping industry drowning in new regulations
  新たな規則により、海運業は落ち込む

　自然な英語　The shipping industry is having difficulty obeying the new regulations.

  ＊drown　1）売上げなどが落ちる　2）溺れる（海運業にかけている）

⑤短くするために、あえて不正確な時制を使う

過去の出来事も、字数を減らすために現在形が使われたりします。

Researchers report amazing cancer breakthrough
　　研究チーム、躍進的なガン治療を報告

自然な英語 **Researchers have reported an amazing breakthrough in the treatment of cancer.**

Judge shuts down web site
　　判事はウェブサイトを閉鎖させた

自然な英語 **A judge has shut down a web site.**

4 お楽しみ度 100%の情報サイト

スポーツ、音楽、ドラマ、映画など、あなたの趣味・関心にマッチしたジャンルでも、英語の情報サイトを利用すると知識量は激増、話題が広がります。

☀ スポーツ

ESPN.com　URL http://www.espn.go.com/
メジャーリーグ、アメフトからフィギュアスケートまでスポーツ全般、何でも！という方には、アメリカ最大のスポーツ専門チャンネル ESPN のウェブサイトがおすすめ。世界のスポーツのハイライトシーンなどが楽しめます。

BBC Sport　URL http://news.bbc.co.uk/sport/
サッカーやラグビーなどの情報なら、やはり英国発の BBC Sport が定評があります。プレミアリーグの試合分析、移籍情報、コラムなどが充実。

☀ 映画・ドラマ

FOX.com　URL http://www.fox.com/
映画好きなら、FOX 社のサイトで最新の情報をキャッチ。ドラマの新着情報や話題のドラマへの視聴者の感想なども寄せられています。

TV.com　URL http://www.tv.com/
1,500 以上のアメリカのテレビドラマシリーズが紹介されています。「24」や「LOST」など、日本でも放映され人気が出たものもあります。

☀ 音楽

VH1.com　URL http://www.vh1.com/
洋楽ならおまかせ！　最新の音楽情報・ヒットチャートなど満載。TV ショーやミュージックビデオも楽しめます。

Lyrics.com　URL http://www.lyrics.com/
洋楽の歌詞検索にはこちらのサイトも。「この曲なんて言ってるのかな」という場合や歌詞カードをなくしちゃったから調べたいというときに便利です。

☀ 料理
Food Network.com　URL http://www.foodnetwork.com/
お料理好きに役立つサイト。楽しくて使えるレシピがたくさん！

☀ 美術
MoMA.org　URL http://moma.org/exhibitions/
美術が好きな方には、MOMA（The Museum of Modern Art）の公式サイト。

☀ ゲーム
Game Links　URL http://www.gamelinks.com/
人気ゲームトップ100を調べてみるのも楽しいかもしれません。

☀ 旅行・グルメ
ViaMichelin.com
URL http://www.viamichelin.com/viamichelin/gbr/tpl/hme/MaHomePage.htm
ついにレストランガイドが日本進出で大きな話題となったミシュラン。世界を旅する人向けに、ViaMichelinでさまざまな情報を提供しています。

ZAGAT Survey　URL http://www.zagat.com/
ザガットサーベイは、世界のレストランをはじめ、ホテル、航空会社など、利用者の視点で行う格付けが特徴的です。

Menu Pages　URL http://www.menupages.com/
ニューヨークのレストラン情報が満載のサイト。地域や種類ごとにさまざまな検索ができるほか、レストランごとのメニューも具体的にわかります。

DateSpaces.com　URL http://www.datespaces.com/
ニューヨークのデートでお勧めレストランのリストなど。

London Tourist Guide
URL http://www.london-tourist-travel-guide.com/romantic-trip-to-london.html
ロンドンのロマンチックなレストランや宿泊施設の紹介。

☀ ネイティブに聞いてみた、使える情報サイト

Wikipedia URL http://www.wikipedia.org/
日本でも有名なウィキペディアの本家本元。

Bloomberg.com URL http://www.bloomberg.com/
米国ブルームバーグによる、経済・金融関連の情報提供サイト。

Rotton Tomatoes URL http://www.rottentomatoes.com/
辛口映画レビューサイト。

The Smoking Gun URL http://www.thesmokinggun.com/
ハリウッドゴシップネタならここ。

Project Gutenberg URL http://www.gutenberg.org/
著作権が消滅した古典作品をデジタル化して、世界共通の資産としてインターネットで公開する「グーテンベルク計画」のサイト。

National Geographic URL http://www.nationalgeographic.com/
自然、動植物、環境問題に関する情報が満載。

CNET.com URL http://www.cnet.com/
テクノロジー関連のニュース配信。

Flickr URL http://www.flickr.com/
写真共有サイト。自分で撮った写真などをネット上で整理し、メンバー同士で共有することができます。

About.com URL http://www.about.com/
カテゴリ別に分かれていて、その道の専門家がガイドしてくれます。

Snopes.com URL http://www.snopes.com/
英語圏に伝わる都市伝説の数々がカテゴリ別に紹介されています。

5-4 新しいネットのツールを使いこなす

1 RSSで常に最新情報を入手する

　ニュースサイトやブログサイトでは、RSS（RDF Site Summary / Rich Site Summary）対応が多くなっています。RSS対応サイトは RSS 、 XML 、 などのマークがついています。RSSとは記事の見出しや概要を構造化して記述するフォーマットで、これをRSSリーダーで受信すれば、新着・更新情報をいち早く知ることが可能なのです。

　RSSリーダーでは、自分が登録したニュースサイトやブログサイトの新着・更新情報（フィード）を定期的に取得しますが、ソフトウェア型とオンラインサービス型、ブラウザ組み込み型などがあります。オンラインサービス型はネットに接続できる場所ならどこでも利用できるので便利です。

　日本で人気があるのは、ソフトウェア型の **goo RSS リーダー** です。

　オンラインサービス型では、アカウントを取得していれば利用できる **Google リーダー** などがあります。こちらはGoogleのほかのサービスとリンクしているのが特徴です。

　登録したサイトやニュースの更新情報があったら、通知されるようになるので最新情報をすぐキャッチできます。

URL goo RSS リーダー ▶ http://reader.goo.ne.jp/
　　Google リーダー ▶ http:www.google.co.jp/reader/

2 ネットでラジオ&テレビ

☀ Podcast とは

　Podcast（ポッドキャスト）とは、ネット上に公開された音声・画像データファイルを自分の好みで選んで聴けるラジオのようなものです。iPod と放送を意味する broadcast を組み合わせた造語だったのが、一般的になりました。

　Podcast とネットラジオは似ていますが、Podcast はファイルをダウンロードできること、RSS で自動的に更新できるのが特徴です。Podcast を聴くには、**iTunes** など音声ファイルの再生ソフトが必要になります。聴きたい番組を iTunes に登録しておけば、新しい回の配信があったとき自動的に更新されるのも便利ですね。また、iPod など mp3 形式対応の携帯プレーヤーにダウンロードし、いつでも聴くことが可能です。

　Podcast は音楽だけでなく動画配信もあります。**MixPod** や **Yahoo! ポッドキャスト**、**Podcasting Juice** などで自分が聴いてみたい・見てみたい番組を選び、ダウンロードやオンラインで楽しめます。英会話、音楽、ニュース、落語などジャンルも多彩なので、きっと面白いコンテンツが見つかるはずです。

▶デイビッド・セインの iTunes ライブラリを公開！

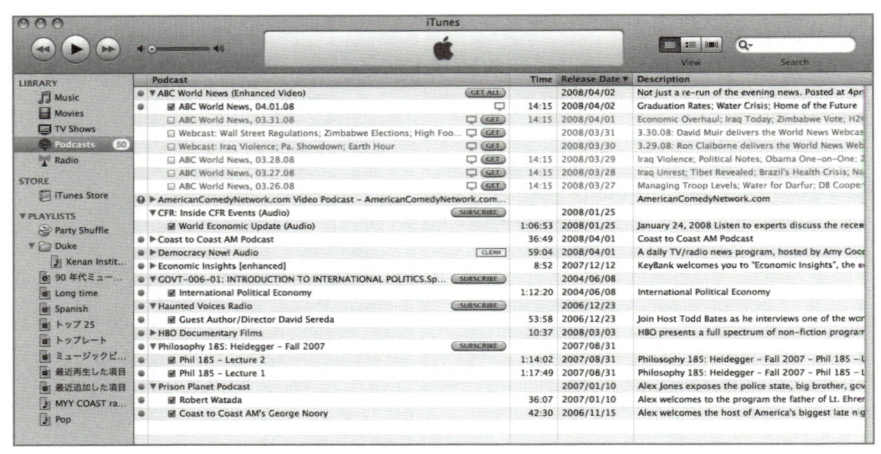

URL iTunes ▶ http://apple.com/jp/itunes/
　　 MixPod ▶ http://www.mixpod.jp/
　　 Yahoo! ポッドキャスト ▶ http://podcast.yahoo.co.jp/
　　 Podcasting Juice ▶ http://www.podcastjuice.jp/

☀ Podcast が楽しめるサイト

Podcast の使い方に慣れたら、以下のサイトで検索して楽しみましょう。

Everyzing.com　**URL** http://everyzing.com/
世界の映像・音楽に関する検索エンジン大手のページです。

多くの放送局や新聞のサイトでも、番組を Podcast 化して配信しています。

ABC News: Podcasts　**URL** http://abcnews.go.com/Technology/Podcasting/
アメリカの最新ニュースをキャッチするには ABC News で。

The New York Times Podcasts
URL http://www.nytimes.com/ref/multimedia/podcasts.html?adxnnl=1&adxnnlx
=1200892315-ViGhUKG1pJ2xeUJY/FWjxA
ニューヨークタイムズのサイト内にある、Podcast 対応のページです。

USINFO.STATE.GOV
URL http://usinfo.state.gov/usinfo/USINFO/Products/Podcast_Station.html
アメリカ国務省のナイトで、おすすめ Podcast や Video Station のコーナーがあります。

MTV.com　**URL** http://www.mtv.com/
音楽といえば MTV。最新の音楽が聴けます。

☀ ネットラジオ局

次は、英語の番組を聴けるネットラジオ局を紹介します。もちろん Podcast に対応している番組もあります。

AOL　**URL** http://music.aol.com/radioguide/bb
話題の曲から世界の民族音楽まで多岐にわたった番組内容です。

BBC Radio　**URL** http://www.bbc.co.uk/radio/podcasts/newspod

WNYC-New York Public Radio URL http://www.wnyc.org/
ニューヨーク発のラジオ局で音楽とトークを楽しめます。

Yahoo! Music URL http://new.music.yahoo.com/
ラジオだけでなく、人気ミュージシャンのビデオやゴシップネタがいっぱいです。

American University Radio URL http://www.wamu.org/
ワシントンD.C.にあるアメリカン大学が発信。

SHOUTcast URL http://www.shoutcast.com/
幅広いジャンルの番組をダウンロードして高音質で楽しめます。

☀ネイティブおすすめ情報

Access Hollywood Podcast
URL http://www.podbean.com/podcast-detail/17486/access-hollywood-podcast/recent
ハリウッドスターへのインタビューならここ！

Tokyo Calling URL http://www.tokyo-calling.com/
東京在住のアメリカ人で元アナウンサーのスコットさんの発信するニュース。

Bob and Rob Show URL http://www.thebobandrobshow.com/website/index.php
英語学習者のためのサイト。月に2回無料でダウンロード可能。毎週ダウンロードしたかったり、トランスクリプトが欲しい場合は有料。

Storynory URL http://storynory.com/
子供向けの話を音声と文字の両方で楽しめる。

3 海外発の動画を楽しむ

☀ 動画配信サイト

　動画配信には、ダウンロード型（ハードディスクにダウンロードして、再生ソフトで視聴する）とストリーミング型（サイトにアクセスしてブラウザのプラグインで視聴する）があります。有料のものと無料のものがあります。

YouTube　URL http://www.youtube.com/
アメリカ発の動画投稿サイトで、ありとあらゆる動画が見られます。2007年には日本語版もでき、人気爆発となりました。気になるキーワードで検索をかけてテーマを絞って楽しんでみましょう。

Yahoo! Video　URL http://video.yahoo.com/
アメリカ版Yahoo!の動画サイト。何万本もの動画が見られます。

Google Video　URL http://video.google.com/
Most blogged、Most shared、Most viewedなどタブがついて紹介されているので、人気の動画を見てみましょう。Google傘下にあるYouTubeの動画も検索することができます。

Amazon Unbox
URL http://www.amazon.com/Unbox-Video-Downloads/b?ie=UTF8&node=16261631
Amazon.comの動画配信サービス。有料でソフトをダウンロードできます。中にはMTV番組が無料でダウンロードできるコーナーもあります。検索ボックスにFreeと入力し見てみましょう。

　YouTubeをはじめ、Yahoo!やGoogleの動画サービスはアカウントを取得すれば、自分でも投稿できるので、自信作を世界中の人に見てもらいたい人は試してみてください。

☀ コメントで広がる面白さ

映像を楽しむのはもちろんですが、そこにつけられているコメントを読むのも面白いです。

ユーザー登録を行えばコメントを投稿することができます。日本人のアーティスト動画などにも海外の人のコメントがつけられていて、どんな感想を持ったかを知ることができます。英語でコメントを書いてみると、もっと世界が広がるかもしれません。

☀ 「危険」なサイトの利用は自己責任で！

動画の配信やファイルのダウンロードを目的としたサイトは、ネットの技術やブロードバンドが広く行き渡った昨今では、少数のマニアだけでなく一般の人にも利用されるようになりましたが、多くの場合「危険」と隣合せです。

著作権法違反の映像や違法コピーしたファイルをダウンロードしたり、パソコンの知識のない人が使おうとして、コンピュータウィルスやスパイウェアを誘い込んでしまったり、というのはよくあること。

「無料の情報・サービス」には、何かしら落とし穴があるものです。「タダで見られるネットテレビを設定しようとしたら、パソコンがちゃんと動かなくなっちゃった…」と泣かないように、怪しいものには安易に手を出さず、知識を深めたうえで自己責任のもと利用しましょう。

第 **6** 章

お助け翻訳ツールの
使い方
わからなければネットに助けてもらおう

ネットでわからないこと、困ったことは、ネットで解決するのが一番の早道。翻訳機能は、あなたの「ネットで英語」生活をさらに便利に、楽しくしてくれるツールです。意外と知らない、役立つ機能が盛りだくさん。

6-1 自動翻訳サイトの活用術
GoogleとYahoo!の翻訳機能、翻訳エンジン・翻訳サイトの違いを紹介します。

6-2 Web辞書はネット上の電子辞書
Googleで英単語の意味を一発で英語・日本語で調べる方法や、そのほかのWeb辞書について解説しました。

6-1 自動翻訳サイトの活用術

　急いでいるときや、どういう意味かまったく見当がつかないときに役立つのが「翻訳ツール」です。もちろん機械なので完璧な訳とまではいきませんが、だいたいの目安やイメージをつかむことはできます。うまく利用すれば強い味方となるはずです。

　たとえば、ニュースの概要を急いでつかみたいというとき。また、洋楽の歌詞の意味をおおまかに理解したいときや、英語のサイトのレイアウトをそのままでショッピングしたいとき。さらに、チャット中に言いたいことを急いで伝えたいときは、チャット画面の横に翻訳画面を出しておくという方法も。相手の言ったことの意味がわからないな、というときは翻訳画面にコピー＆ペーストすればいいでしょう。その翻訳結果に話の流れからつかんでいる自分なりの情報をプラスすれば、相手の言おうとすることが理解できるはずです。

1　いろいろな翻訳エンジン

☀ 翻訳エンジンとは

　私たちがよく使う検索エンジンには、Google、Yahoo!、goo、MSN サーチなどがあります。それらに同じキーワードを入れた場合、検索結果が違ってくることがあります。キーワードを入れて検索ボタンをクリックする、という点では同じでも、それぞれの検索エンジンの内部で行われている処理が違うからです。

　Google では、ウェブサイトをロボット（クローラー）と呼ばれるプログラムを使って検索し、データを構築していきます。そのプログラムは Google 独自のものです。

　一方、Yahoo! はディレクトリ検索で定評があり、こちらは人間がウェブサイトを独自のカテゴリに分類する手法を取っていました。しかし、増える一方の膨大なウェブサイトに対応するため、2005 年から Yahoo! もロボット検索を導入しました。Yahoo! Japan で使われるロボットは、Yahoo Search Technology（YST）と呼ばれる独自のものです。

検索エンジンの内部プログラムにそれぞれ違いがあるように、翻訳サイトでも各サイトが採用している「翻訳エンジン」の違いによって、翻訳結果が異なるのです。「翻訳エンジン」とは、ある言語を他の言語に訳するエンジンです。

☀ 翻訳エンジンによる翻訳の違い

翻訳エンジンには、AMIKAI、BizLingo、CROSS LANGUAGE などがあります。これらの翻訳エンジンの提供元では、パッケージ版の翻訳ソフトの販売などを手がけているところもあります。

それでは、次の文が翻訳エンジンによってどのように英文から和文に翻訳されるか見てみましょう。

A 71-year-old waitress in a Houston restaurant received a retired thoroughbred race horse this month as a tip from a regular customer.

(2008年2月26日の New York Times の見出しリード文)

▶ **AMIKAI**
ヒューストン・レストランの71歳のウエートレスは今月、常連客からの内報として人里離れた純血種の競走馬を受け取りました。

▶ **BizLingo**
ヒューストンレストランの71歳のウエートレスは今月、チップとして上得意から退職したサラブレッド競走馬を受けました。

▶ **Cross Language**
ヒューストンレストランの71才のウェイトレスは、今月、引退したサラブレッドの競走馬を常客からの先端と認めました。

▶ **KODENSHA**
ヒューストンレストランの71歳ウエイトレスは、今月、チップとして、規則的な顧客から、廃棄された純血種のレース馬を受け取りました。

▶ **SYSTRAN**
ヒューストンレストランこの月の71年古いウェートレスは規則的な顧客から先端として退職させたサラブレッドの競走馬を受け取った。

▶ **Free Translatior.com**
ヒューストンレストランの71歳のウェイトレスがヒント〔チップ〕としてのこの月に通常の顧客から引退した純血種の競走馬を受け取りました。

▶ **Fresh Eye**
ヒューストン・レストランの71歳のウエートレスは今月規則的な顧客からの内報として引退している純血種のレース馬を見なしました。

▶ WorldLingo
　ヒューストンレストランこの月の 71 歳のウェートレスは規則的な顧客から先端として退職させた純血種の競走馬を受け取った。

　翻訳エンジンによって、違う結果が出るかがおわかりいただけたでしょうか。このことがわかっていると、翻訳サイトを利用するときに、1 か所だけでなく、場合によっては他のサイトの結果も参考にしよう、と考えるでしょう。それぞれ得意・不得意分野があるので、どこの検索エンジンが優れている、とは上の一例だけでは判断できません。皆さんもいろいろ試してみてください。
　翻訳エンジンによる結果の違いが一括で比較できるサイトもあります。

URL 10 の翻訳エンジンから一括翻訳　翻訳くらべ ▶ http://7go.biz/translation/

サイトによる翻訳エンジンの違い
　代表的な翻訳サイトとそのサイトが採用している翻訳エンジンを紹介します（2008 年 3 月現在。今後、各サイトが採用している翻訳エンジンが変更になる場合や、Google のように独自の翻訳エンジンを持つこともありえます）。
　翻訳エンジンによって、翻訳結果が違うということは、翻訳エンジンが同じなら、結果もほぼ同じということになります。サイトによっては文体を選択できるサービスもあるので、いつもまったく同一の文になるとは限りませんが。

翻訳サイト	翻訳エンジン
Yahoo! 翻訳	CROSS LANGUAGE
Infoseek マルチ翻訳	CROSS LANGUAGE
エキサイト翻訳	BizLingo
livedoor 翻訳	AMIKAI（中国語は KODENSHA）
So-net 翻訳	AMIKAI
@nifty 翻訳	AMIKAI
OCN 翻訳	KODENSHA
Windows Live Translator	SYSTRAN
FreeTranslation.com	独自
Google 翻訳	独自
フレッシュアイ翻訳	独自

☀ 翻訳サイトのサービス内容

　入力した文を翻訳するテキスト翻訳や、ウェブページの翻訳などが代表的なサービスです。どちらか一方にしか対応していない翻訳サイトもありますし、対応言語も翻訳サイトによってさまざまです。

　翻訳結果の表示も、原文と翻訳文を1文ずつ対応させ表示してくれるものや、翻訳文を「です・ます調」（敬体）と「である調」（常体）から選べるものなど、翻訳サイトによってサービスが異なります。　➡ P.309

　各翻訳サイトの違いや特徴を踏まえ、場合によっては複数の翻訳サイトを比較し、完成度の高い翻訳文を作成しましょう。各翻訳サイトの翻訳結果を一括で表示できるサイトもあります。

URL Cross translat on ▶ http://sukimania.ddo.jp/trans/trans.php

2 英語を和訳する

☀ Google のテキスト翻訳機能
▶ トップページの言語ツール（英語版では Language Tools）

「複数言語で検索」は、キーワードを翻訳した後にウェブ検索を行い、検索結果も翻訳して表示する機能です。

▶ Google 翻訳　URL http://www.Google.co.jp/translate_t

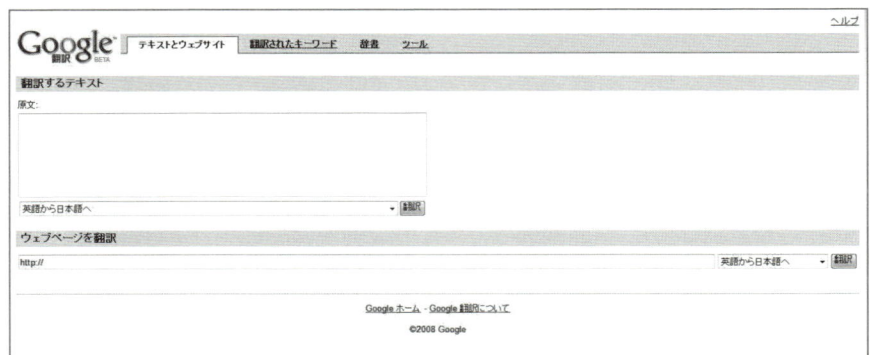

　言語ツール、Google 翻訳とも、ボックスに和訳したい英文を入力し、プルダウンメニューで「英語から日本語へ」を選択します。[翻訳]ボタンをクリックすると、翻訳結果が表示されます。

☀ Google のウェブ翻訳機能

▶ ツールバーから

　Google ツールバー ➡ P.278 には、翻訳 のボタンがあります。「ページを日本語に翻訳します」を選択すると、そのサイトが日本語に翻訳されます。

　次は、CNN.com のトップページを日本語に翻訳した例です。

　ただし、意味がわからない日本語訳に出くわすことがあります。

　2008 年 1 月 22 日の Top Stories の中に「下水道の後の夫に妻の指輪ジープ」とありました。何のことでしょうか？

　英文のトピックでは、Husband dives into sewer after wife's ring とあり、「夫が妻の指輪を追って下水道にもぐった」のだとわかりました。元の英文と日本語訳の画面を並べて表示し、比較しながら読んでみるといいでしょう。

▶ トップページの言語ツールから

▶ Google 翻訳から

　どちらのページも「テキスト翻訳」の下に「ウェブページを翻訳」という項目があります。「http://」のボックスに翻訳したいウェブページの URL を入力し、プルダウンメニューで「英語から日本語へ」を選択します。翻訳 ボタンをクリックすると、翻訳結果が表示されます。

▶ キーワード検索結果の「このページを訳す」リンクから

　通常のキーワード検索結果の横に「このページを訳す」リンクがある場合は、該当ページの日本語訳を自動的に表示することができます。

☀ Yahoo! の翻訳機能

　トップページ左のカテゴリの Yahoo! サービス一覧から「翻訳」を選び、テキスト翻訳の原文ボックスに英文を入れ「英→日」を選び、翻訳ボタンをクリックします。

　ウェブページを翻訳する場合は、上記テキスト翻訳の横のウェブ翻訳のタブをクリックし、翻訳したいウェブページの URL を入力し、翻訳ボタンをクリックします。

☀ Google のマウスオーバー辞書機能

　ツールバーの翻訳のメニューで「マウスオーバー辞書を有効にする」をチェックすると、マウスポインタ（カーソル）を持っていった単語の意味が表示されるので、いちいち翻訳する手間がなく、英文が早く読めます。

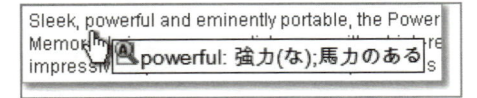

☀ POP 辞書

　POP 辞書も同じように、マウスポインタを持っていった単語の意味をポップアップ表示してくれます。読みたいページの URL を入力して、POP 辞書を有効にして使うというものです。

URL POP 辞書 ▶ http://www.popjisyo.com/

3　日本語を英訳する

❖英訳は和訳と逆の操作を行う

　Google、Yahoo! とも、日本語を英語に翻訳するときは、言語の選択を逆にし、「日本語から英語へ」とします。テキスト翻訳、ウェブ翻訳とも同様です。
　しかし、翻訳結果の英文が、文法的に正しく、意味の通る内容であるかは、改めて吟味する必要があります

❖英訳の精度を上げるコツ

　メールやチャットなどで自分の書いた日本語を急いで英訳したいとき、ネットの翻訳機能は便利です。その際に、最小限の手間でなるべく意味の通じる文を作るには、ちょっとしたコツがあります。
　それは、普段は伺わないような、文法的に正しく、堅い雰囲気の文章を作ることです。
　友人同士のやりとりなどは、日本語でもカジュアルな文体になりがちですが、そのまま翻訳にかけてしまうと、不自然で意味が通らない英文になる場合がよくあります。
　「て」「に」「を」「は」や「主語」「述語」「目的語」などは省略せずに、「です」「ます」調のきちんとした日本語の文章をもとにすると、比較的通じやすい英文が作れる、ということを覚えておくとよいでしょう。

▶くだけた文体だと英訳が不完全に…

| 明日は釣りに行くよ。 | 和 ➡ 英 | Go fishing tomorrow. |

▶主語・述語を整えると、英訳が改善！

| 私は明日釣りに行きます。 | 和 ➡ 英 | I'm going fishing tomorrow. |

第 6 章　お助け翻訳ツールの使い方

4　英語以外の外国語を英語に翻訳する

　アメリカやイギリスで発信されたニュースでなく、他の国のニュースを読みたい場合もあります。Google の翻訳機能も、イタリア語やフランス語、スペイン語などから日本語に、というサービスは、まだありません（2008 年 3 月現在）。日本語に翻訳してくれるのは英語からだけです。そんなときは、その英語以外の言語をいったん英語にして読む、という方法があります。

　Google の翻訳機能では、以下の言語を英語に翻訳することができます。

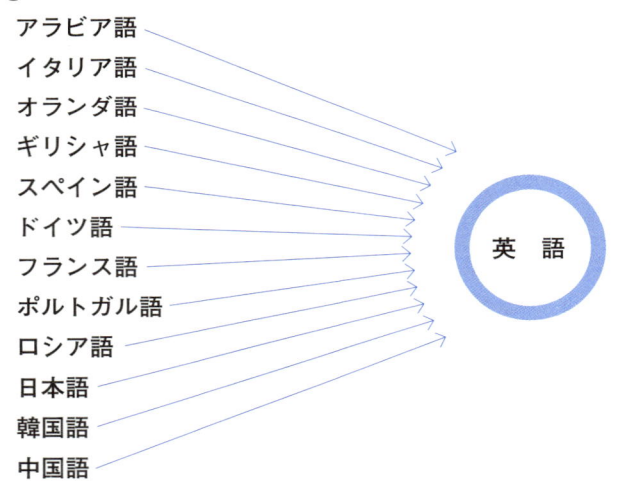

- アラビア語
- イタリア語
- オランダ語
- ギリシャ語
- スペイン語
- ドイツ語
- フランス語
- ポルトガル語
- ロシア語
- 日本語
- 韓国語
- 中国語

→ 英　語

　自動翻訳でも、日本語⇄英語よりは、フランス語⇄英語のように言語的に近い関係のほうが、うまく機能する場合が多いようです。

5　いろいろな翻訳サイト

これまで Google と Yahoo! の翻訳機能を紹介しましたが、ネットで利用できる翻訳サイトは数多くあります。

エキサイト翻訳　URL http://www.excite.co.jp/world/
テキスト翻訳（半角 4,000 字）・Web ページ翻訳（半角 30,000 字）
辞書機能も付属しているので、単語の意味がすぐに調べられます。

Infoseek マルチ翻訳　URL http://www.infoseek.co.jp/Honyaku?pg=honyaku_top.html
テキスト翻訳・Web ページ翻訳
翻訳文の文体を選べます。翻訳文を関西弁で表現するサービスもあります。

@nifty 翻訳　URL http://www.nifty.com/globalgate/
テキスト翻訳（半角 4,000 字）・Web ページ翻訳

livedoor 翻訳　URL http://translate.livedoor.com/
テキスト翻訳（16,000 字）・Web ページ翻訳
長いテキストにも対応しています。

So-net 翻訳　URL http://so-net.amikai.com/amitext/index.jsp
テキスト翻訳（半角 4,000 字）・Web ページ翻訳（半角 16,000 字）

OCN 翻訳　URL http://www.ocn.ne.jp/translation/
テキスト翻訳（4,000 字）・Web ページ翻訳

FreeTranslation.com　URL http://www.freetranslation.com/
テキスト翻訳・Web ページ翻訳

フレッシュアイ翻訳　URL http://mt.fresheye.com/ft_form.cgi
テキスト翻訳・Web ページ翻訳
原文 1 文ごとに対訳表示ができます。

6-2 Web辞書はネット上の電子辞書

　ネット上の辞書は、Web辞書、オンライン辞書と言います。有料のものだけではなく、無料で質の高い辞書がたくさんあります。ページをめくって探す手間がなく入力するだけで調べられ、ネイティブの発音が聴けるのは、最近多くの人が使っている電子辞書とほぼ同じ。最新用語が追加・更新されるなど、ネットならでの利点もあります。コツを押さえて調べ物上手になりましょう。

1 英単語の意味を英語で調べる

☀ Googleの場合

　検索ボックスに「define: 英単語」と入力し Google検索 ボタンをクリックします。検索結果のリストのリンク先で英語の定義・解説が確認できます。

　※ define: の後には、スペースをあけずに英単語を入力します。

2 英単語の意味を英和・和英で調べる

☀ Google の場合

Google では、調べたい語の前に「**英和**」「**和英**」と入力し、スペースを入れてから、語を入力すると、「英辞郎 on the WEB」による辞書検索が可能です。

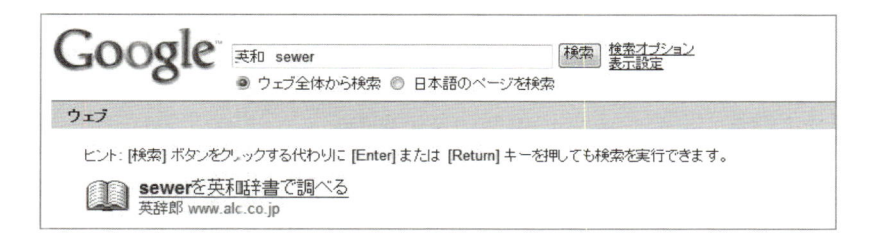

☀ Yahoo!・goo の場合

Yahoo! や goo では、トップページの検索ボックスの上の「辞書」をクリックし、検索ボックスに調べたい語を入力し検索ボタンをクリックすれば、結果が表示されます。

また、それぞれ特定の辞書を指定して調べることもできます。

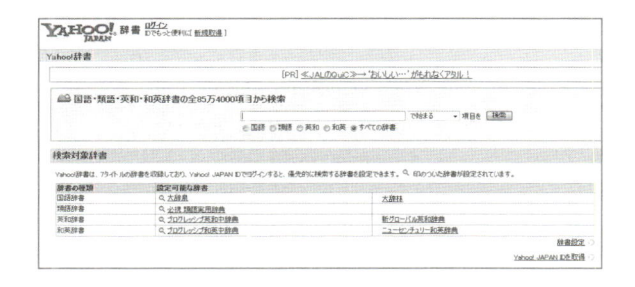

Yahoo! や goo でも英和の場合は、上の Google と同じ方法でも辞書検索ができます。

3 いろいろな Web 辞書

MSN 辞書　URL http://dictionary.msn.co.jp/
三省堂『大辞林 第二版』『EXCEED 英和・和英辞典』を検索できます。

Infoseek マルチ辞書　URL http://dictionary.www.infoseek.co.jp/
三省堂発行の国語・英和・和英・カタカナの辞書を一括検索できます。

エキサイト辞書　URL http://www.excite.co.jp/dictionary/
三省堂『大辞林 第二版』、研究社『新英和・和英中辞典』を検索できます。ネイティブによる発音も聴くことができます。

英辞郎 on the WEB　URL http://www.alc.co.jp/
アルクが運営し、英和と和英の両方に対応しています。
検索ボックスに調べたい語（句）を入力し、英和・和英ボタンをクリックします。英辞郎は Google やその他の検索エンジンからも呼び出し可能です。

RNN 時事英語辞典　URL http://rnnnews.jp/
ニュースに登場する時事英語を収録。一般検索のほか、注目の話題やカテゴリーから調べることもできます。

Merriam-Webster Online　URL http://www.merriam-webster.com/
アメリカ英語の老舗辞書のウェブ版です。同義語などの検索も可能です。

Wictionary　URL http://en.wiktionary.org/wiki/Wiktionary:Main_Page
ウィキペディアが運営するユーザー参加型の辞書。多言語展開されており、日本語版もありますが、収録語彙数の多さでは英語版が最も充実しています。

Urban Dictionary　URL http://www.urbandictionary.com/
ユーザーの投票によって編纂される辞書。誰かがある単語を定義し、読者がそれを評価するというものです。スラングならおまかせの便利な辞書です。

ネットの用語集

1. ネットの基本用語
2. エラーコード
3. ドメイン名の種類
4. ネットでよく使う略語
5. 英語の顔文字
6. leet 表記
7. 英語で使う句読点と記号
8. アメリカ・カナダの州名と略号

1 ネットの基本用語

address アドレス
ウェブ上での場所。

ADSL（Asymmetric Digital Subscriber Line） ADSL
電話回線を使って高速なデータ送信技術を提供する技術（DSL）の一つで、上りと下りのスピードが異なるのが特徴。

adware アドウェア
ブラウザに広告を表示する代わりに、ユーザーに便利なツールやサービスを提供するソフトウェア。

attachment 添付ファイル
別のファイルにつけるファイルのこと。よく知られているのは、eメールに添付された画像や文書のファイルなど。

autoresponder オートレスポンダー
eメールのメッセージに対してあらかじめ書いてある返事を自動的に送るコンピュータのプログラム。

badware バッドウェア
悪意をもって使用されるソフトウェア。バッドウェア撲滅団体 StopBadware.org によって定義された。

bandwidth 帯域幅
本来は周波数の帯域幅のこと。転じてデータの転送速度（単位 bps）をさすようになった。

BBS（Bulletin Board System） 電子掲示板
参加者が自由に投稿していくことでコミュニケーションできる場所。ウェブサイトに付属して設置されることが多い。

BitTorrent ビットトレント
ファイル共有システム。自分のパソコン内にあるファイルを、ネットワーク経由で他の人もアクセスできる状態に置くことにより、複数人でファイルを共有できる。

blog ブログ
ウェブ上の日記で、他の人の記事へのコメントなども含む。Web log（ウェブの記録）を短縮した語。

blogger　　　　　　　　　　　　　　　　　　　　　　ブロガー、ブログを書く人
インターネット上でブログを書いている人のこと。読者も多く、他のブログへの影響力も大きい blogger を特に A-list blogger と言う。

bps　　　　　　　　　　　　　　　　　　　　　　　　　　　　　　　　　　bps
データ転送速度の単位（ビット／秒）。通信回線でデータを送受信するスピード。

browser　　　　　　　　　　　　　　　　　　　　　　　　　　　　　　ブラウザ
ウェブページを表示するソフトウェア。主なものに Internet Explorer、Firefox、Opera、Safari などがある。

chat room　　　　　　　　　　　　　　　　　　　　　　　　　　　チャットルーム
他の人と chat（ネット上でのおしゃべり）できる場所。ウェブサイトに付属して設置されることが多い。

cyberspace　　　　　　　　　　　　　　　　　　　サイバースペース、ネットワーク空間
インターネット上の仮想現実社会。そこで人々は現実での距離に関係なく交流できる。ウィリアム・ギブスンが 1982 年に書いた小説『ニューロマンサー』で初めて登場した語。

dead link　　　　　　　　　　　　　　　　　　　　　　　　　　期限切れのリンク
有効でない、期限切れのハイパーリンクのこと。リンク先のページがネット上になくなったか、そのリンク先のアドレスが変更されたことによる。

domain name　　　　　　　　　　　　　　　　　　　　　　　　　　　ドメイン名
ウェブページやそこに含まれるファイルのありかを示すアドレス。インターネット上の住所のようなもの。

download　　　　　　　　　　　　　　　　　　　　　　　　　　　ダウンロード
インターネットからファイルを自分のコンピュータにコピーすること。

DSL（Digital Subscriber Line）　　　　　　　　　　　　　　　　　　　　　DSL
電話線を使って高速なデータ通信を提供する技術。ADSL もその一つ。

e-commerce　　　　　　　　　　　　　　　　　　　　　e コマース、電子商取引
インターネット上での商取引。

e-mail、email　　　　　　　　　　　　　　　　　　　　　　e メール、電子メール
インターネット上で、コンピュータ間でメッセージを送受信するシステム。

emoticon　　　　　　　　　　　　　　　　　　　　　　　　　　　顔文字・絵文字
メールやチャットで書き手の心境を表す顔文字。文字での会話に表情をつけ加えて表現できる。

encryption 暗号、暗号化
情報が第三者に漏れないようメッセージや文書を暗号化することもある。暗号化された文書を読むには、その変換方法を知っておく必要がある。

FAQ (Frequently Asked Questions) よくある質問
商用ウェブサイトには FAQ と呼ばれるページを持っているものが多く、そこでユーザーからよく寄せられる質問とそれに対する回答を載せている。

firewall ファイアウォール
コンピュータやネットワークとインターネットの間の接続を確保するゲートウェイの役割を果たすソフトウェアやそれを搭載しているハードウェア。ファイアウォールは外部からの不正な侵入を防ぐ。

flame フレーム、炎上
ブログや掲示板で、匿名の人を侮辱すること。閲覧者が互いに侮辱し合うことを flame war と言う。

free donation site クリック募金サイト
クリック一つで募金ができるサイト。世界の飢餓・環境・健康・貧困などの支援目的で、ユーザーのページビューに応じてスポンサーが実際に募金するシステム。

freeware フリーウェア
インターネット上から無料でダウンロードできるソフトウェア。

ftp (File Transfer Protocol) ftp
インターネットでファイルを転送するためのプロトコル（規格）。

FTTH (Fiber To The Home) FTTH
光ファイバの家庭向けデータ通信サービス。

gateway ゲートウェイ
異なったプロトコルを持つネットワークを接続する機器。

forum フォーラム
ウェブサイトで、閲覧者が意見交換する場。

header ヘッダ
e メールで、送信者・受信者のアドレス、メッセージの日付、件名など、メールの送受信に必要な情報が書き込まれている部分。

hit ヒット
ウェブサイトへのアクセス数の単位を表す。

hit counter アクセスカウンタ

そのウェブページに何人の人がアクセスしたかカウントする仕組み。

homepage ホームページ

ブラウザのスタート画面、ホームボタンをクリックしたときに表示される画面。ウェブサイトのトップページのことも homepage という。

host ホスト

インターネットに接続し、そのネットワークを利用する人が見ることのできる情報を保有するコンピュータ。

HTML（Hypertext Markup Language） HTML

ウェブサイトを作るときなどに使用するマークアップ言語。

HTTP（Hypertext Transfer Protocol） http

ハイパーテキスト転送プロトコル。ウェブサーバとクライアントがデータをやりとりすることを可能にするプロトコル。このプロトコルのおかげで世界中のコンピュータが情報をやりとりできる。

hyperlink ハイパーリンク

他のウェブページや、同一のウェブページの他の場所に結びつける仕組み。ハイパーリンク箇所をクリックするとリンク先のページに移動する。ハイパーリンクの上にマウスポインタを持っていくと手の形になるので、リンクがあることがわかる。

incoming mail server メールサーバ

インターネットのサービスプロバイダ（ISP）が所有するコンピュータ。メールの受信者がサーバに接続するまでメールを保存しておく。
→ outgoing mail server

IM（Instant Messaging） インスタントメッセージ、メッセ

短いテキストメッセージをやりとりするシステム。AOL Instant Messenger、Yahoo! Messenger などを通して行う。

intranet イントラネット

会社や組織などその中で限られたネットワーク。社員やメンバーだけが利用できる。インターネットと同じようにウェブサイトがアップできる。

ISP（Internet Service Provider） プロバイダ

契約者にインターネットへの接続とeメールなどのサービスを提供する会社・組織。

IP (Internet Protocol) address　　　　　　　　　　　　　　IPアドレス
インターネットに接続している各コンピュータを識別する32ビットの2進数の数字。ウェブサイトの場合、各サイトにIPアドレスが振り分けられている。

IRC (Internet Relay Chat)　　　　　　　　　　　　　　　　　　　IRC
インターネットのおしゃべりルーム。メンバーが互いにメッセージを交換する。

Java Script　　　　　　　　　　　　　　　　　　　　　ジャバスクリプト
ウェブページに動きや対話性を加えるために使われるプログラム言語。Java（ジャバ）言語に似た記法を用いるが、直接の互換性はない。

keylogger　　　　　　　　　　　　　　　　　　　　　　　キーロガー
スパイウェアの一種で、不正にログファイルからキー入力を監視し、クレジットカード番号や銀行口座のような情報を盗もうとする。
→ spyware

keyword　　　　　　　　　　　　　　　　　　　　　　　　キーワード
サーチエンジンを使ったインターネット検索で、どんな情報が欲しいのか示す単語。キーワードがあるウェブサイトの中に見つかれば、そのページは検索結果に表示される。

link　　　　　　　　　　　　　　　　　　　　　　　　　　　リンク
ウェブページ上で、そこをクリックすると新しいウェブページを表示する語やデータ部分をさす。

log-on/in　　　　　　　　　　　　　　　　　　　　　　ログオン／イン
ネットワークに接続することをlog on、log inと言う。

log-off/out　　　　　　　　　　　　　　　　　　　　　ログオフ／アウト
ネットワークの接続を解除することをlog off、log outと言う。

lurk　　　　　　　　　　　　　　　　　　　　　　ラーク、読み逃げ
ネット上のチャットルームや掲示板を読んではいるが、参加しないこと。またそういう人をlurkerと呼ぶ。

mailing list　　　　　　　　　　　　　　　　　　　　メーリングリスト
ある話題に関しての情報交換の目的で作ったグループの登録メンバーとそのメンバーのアドレスのリスト。メーリングリストの代表となるアドレスにメールを送るとメンバー全員に速やかにメールが届く。この方法である話題について互いに意見が交換できる。e-mail discussion listとも呼ばれる。

malware　　マルウェア
ウィルスやワーム、悪質なアドウェアやスパイウェアなど、迷惑ソフトの総称。

message board　　メッセージボード
ある人が投稿した質問に対し、答えの投稿をできるウェブページ。

meta-search engine　　メタ・サーチ・エンジン
複数のサーチ・エンジンの検索結果を表示するサーチ・エンジン。メタ・サーチ・エンジンを使って、複数のサーチ・エンジンの結果を同時に得られる。

mini blog　　ミニブログ
自分が今していることや感想などを、ごくシンプルな文でウェブ上に書き込むサービス。ブログにするほどのことではないが、なんとなく伝えたいちょっとしたことを書き込む。

modem　　モデム
電話のアナログ信号をデジタル信号に変換、またその逆を行う機械。電話回線を通してコンピュータのデータの送受信を可能にし、インターネット接続や FAX の送受信も可能になる。

moderator　　モデレータ、管理人
メッセージボードやニュースグループを監視し、投稿がトピックに沿ったものであるか確認する人。

net　　ネット
ネットワークの短縮語。インターネットという意味もある。

newbie　　ニュービー、新人
インターネットを始めたばかりの人や、メッセージボードやニュースグループに参加し始めたばかりの人。

newsgroups　　ニュースグループ
ある話題について議論をする場。フォーラムに似ているが、話題が特定のことに限られているところが違う。

newsreader　　ニュースリーダー
ニュースグループを購読し、記事を読んだり投稿するためのソフトウェア。Outlook Express はメール用だけでなく、newsreader でもある。

off-line　　オフライン
ネットに接続していない状態。

on-line オンライン
ネットに接続している状態。

packet パケット
データ送信の際は、細かな単位に分けられ個々に送られ、受け取るほうのコンピュータが再構築する。パケットによりデータをより速く送ることができる。

patch パッチ
ソフトウェアの不具合を修正するために提供されるファイル。

peer-to-peer（P2P） ピアツーピア
中央サーバ不要でファイルを共有する技術。

phishing フィッシング
いかにも本物の組織・会社からのウェブページやeメールでクレジットカード情報や個人情報、ユーザー名、パスワードなどを要求する詐害行為。

ping ピン
ネットワーク上のコンピュータ間の通信をチェックするプログラム。短いメッセージを送り、それに対する返答時間などを確認する。

plug-in プラグイン
追加することで特別な機能をアプリケーションに付加するプログラム。

podcasting ポッドキャスティング
インターネット上にラジオ番組やデジタル・オーディオ番組などを配信すること。配信された番組はiPodなどのポータブル・オーディオ製品にダウンロードできる。

pop-up window ポップアップウィンドウ
ブラウザでウェブページを見ているときにハイパーリンクなどをクリックしなくても広告などを自動的に別ウィンドウに表示させる仕組み。ブラウザの設定によっては、ポップアップウィンドウを表示させないこともできる。pop-upとも言う。

port ポート
コンピュータが外部との情報の送受信を行う場所。

RSS（RDF Site Summary, Rich Site Summary, Really Simple Syndication） RSS
ブログやニュースのウェブサイトの見出しや概要をRSSリーダーに送るフォーマット。情報の更新状況を一覧するのに使われる。

RSS feed RSSフィード
ウェブサイトやブログからRSSリーダーに送信されるデータのこと。

search engine 検索エンジン
インターネットで公開されている情報をキーワード等で検索するためのサービス。日本では Yahoo! が最も有名だが、欧米では Google を使う人が多い。

Second Life セカンドライフ
3D 仮想社会提供サービス。アバターと呼ばれる自分の分身を使って、3D により構築された仮想世界を行動して楽しむ。

shareware シェアウェア
評価版として頒布されるソフトウェア。シェアウェアのユーザーは、一般的に登録料を支払う。お試し期間終了後は、登録料を支払わなければそのソフトウェアは使えなくなるものが多い。

signature 署名、シグネチャ
メールでメッセージの後につける名前、住所、所属、スローガンなど。

Skype スカイプ
P2P の仕組みを利月して、インターネット経由で音声通話、ビデオ電話、ビデオチャット、短文のやり取りが可能なソフトウェア。Skype ユーザー間では無制限の無料音声通信が可能で、世界中に急速に普及している。

SNS（Social Networking Service） SNS、ソーシャルネットワーキングサービス
インターネット上に構築された社会的なネットワークの場。会員同士がコミュニケーションを図るためのウェブサイト。SNS の一つである mixi（ミクシィ）や MySpace で有名になった。

SMTP（Simple Mail Transfer Protocol） SMTP
インターネットや企業内のネットワークなどに接続しているコンピュータから受信用サーバにメールを送るプロトコル。

spam スパム
広告などの目的で、勝手に送りつけられる不要のメール。
→ spim（インスタントメッセンジャー上のスパムのようなもの）、spit（IP 電話によるスパムのようなもの）

spammer スパマー
スパムメールや広告メールを送る人。

software ソフトウェア
特定の機能のためのコンピュータのプログラム。例としては、ワープロソフトや表計算ソフト、グラフィック作成ソフト、ゲームのソフトなど。

spider　　　　　　　　　　　　　　　　　　　　　　　　　　スパイダー
ウェブページの情報を自動的に index 化するソフトウェア。集めた情報はデータベースに蓄積される。インターネット検索でサーチエンジンを使うときには、spider によって集められた情報データベースから表示する。bot、crawler とも呼ばれる。

spyware　　　　　　　　　　　　　　　　　　　　　　　　　スパイウェア
インターネットに接続したユーザーの情報を集め出すソフトウェア。スパイウェアはインターネットからダウンロードしたフリーウェアやシェアウェアに潜んでいることもある。→ adware、keylogger

streaming　　　　　　　　　　　　　　　　　　　　　　　ストリーミング
Windows Media Player、RealPlayer、QuickTime などのソフトを使って、インターネットでダウンロードしながら、映像や音楽を再生する。すべてのファイルがダウンロードできるまで待たなくとも再生できる。

thread　　　　　　　　　　　　　　　　　　　　　　　　　　スレッド
ニュースグループやメッセージボードで、最初の投稿とそれに続くすべての返答や投稿。

ticker　　　　　　　　　　　　　　　　　　　　　　　　　　ティッカー
特定範囲内に文字列を流して表示させる表示方式。ウェブページでは、ニュース速報や管理者からのお知らせなどを流すのにティッカー表示を用いる。

surfing　　　　　　　　　　　　　　　　　　　　　　　　　　サーフィン
あるウェブページからリンクしてある他のウェブページへと次々に見ていくこと。ウェブ（ネット）・サーフィン。

troll　　　　　　　　　　　　　　　　　　　　　　　　　　トロール、煽り
メッセージボードやニュースグループで、他人の怒りをかき立てるようなコメントを書き、返事を書かせようとすること。

Twitter　　　　　　　　　　　　　　　　　　　　　　　　　トゥイッター
つぶやきコミュニケーションサービス。登録された仲間同士で、ひとりごとのようなつぶやきを気軽にエントリーして蓄積していく。「ミニブログ」という新たなジャンルとして認められつつある。

upload　　　　　　　　　　　　　　　　　　　　　　　　　アップロード
ウェブページがインターネットで利用できるようプロバイダに送ること。また、他の人がダウンロードできるよう ftp サイトにファイルを送ること。

URL (Uniform Resource Locator) — URL
インターネット上に存在するウェブページの場所を指し示すアドレス。ネットにおける情報の「住所」。

Usenet — ユーズネット
最も古いコンピュータネットワークの一つ。ニュースグループをホスティングするネットワーク。

virus — ウィルス
コンピュータに危害を加えるのが目的のプログラム。類似のものにトロイの木馬、ワームなどがある。

web-based e-mail service — Web メール
eメールソフトウェアを使わなくても、ウェブブラウザを利用してメールのやり取りができるサービス。自宅や会社のコンピュータでなくても使える。代表的なものに、Yahoo! Mail、Gmail、Hotmail などがある。

WWW — ワールドワイドウェブ、ウェブ
World Wide Web の短縮形。何百万ものウェブページの集合で互いにつながっていて参照可能。

web page — ウェブページ
ウェブ上の情報の1ページ分。

web site — ウェブサイト
ある組織や個人のウェブページの集合。

web server — ウェブサーバ
要求されたときにブラウザに HTML ドキュメントや関連ファイルを提供するソフトウェア、またはコンピュータそのものをさす。HTTP server とも呼ばれる。

webcam — ウェブカメラ
一定間隔でインターネットに映像を放映するカメラ。

webmaster — ウェブマスター
ウェブサイトの管理者。

Wi-Fi — ワイファイ
無線 LAN の規格の愛称（wireless fidelity に由来）。正式には IEEE802.11a/IEEE802.11b と言う。

wiki ウィキ

ウェブブラウザを使ってウェブサーバ上の情報を複数人で書き換え・更新できるシステム。wikiはハワイ語で「速い」を意味する。Wikipediaが有名。

2 エラーコード

400 Bad File Request ▶構文に間違いがあるリクエスト
通常は URL に間違いがある。
大文字・小文字の間違いやピリオド（ドット）とカンマの間違いなど。

401 Unauthorized ▶認証されませんでした
パスワードやユーザー名などのいずれかが間違っている場合に表示される。

403 Forbidden/Access Denied ▶アクセス不可・アクセス拒否
そのサイトにアクセスするには、認証（パスワード・ユーザ名など）が必要な場合がある。または、サーバ側に問題が発生しているか、そのサイトの管理者がアクセス制限をしている場合がある。

404 File Not Found ▶ファイル（ドキュメント）が見つからない
サーバが要求されたファイルを見つけられない場合に表示される。
そのファイルは、すでに別な URL になったか、削除されてしまった場合。また、単に URL やドキュメント名の入力ミスも考えられる。URL を確認し、スペリングミスがあったら訂正する。それでもダメな場合は、2つのバックスラッシュで囲まれた下位の部分を削除し、404 が表示されないページまでたどりつき、そこから目的のファイルを探すこともできる。

408 Request Timeout ▶リクエストの時間切れ
サーバが読み込みを終える前に、クライアントがリクエストを終了させた場合。ユーザーが終了ボタンをクリックしたり、ブラウザを閉じたり、そのページのダウンロードが終了する前に他のリンクをクリックした場合などに起こる。サーバが混雑して動きが遅かったり、ファイルが大きかったりすると起こる。

500 Internal Error ▶サーバ側のエラー
サーバの設定の問題などで、その HTML ファイルを読めない。サイトの管理者に連絡する。

501 Not Implemented ▶サーバに未実装の処理を要求した
サーバがそのページのコンテンツ提供に対応していない。

502 Service Temporarily Overloaded ▶サーバ過負荷
サーバの混雑、アクセスが集中しているなど。時間をおいて、実行してみる。

503 Service Unavailable ▶サービスが一時的に利用不可能
サーバが混み合っているか、サイトがメンテナンス中のときなどに表示される。時間をおいて再度アクセスしてみる。

Connection Refused by Host ▶ホストサーバに接続が拒否された
そのサイトにアクセスする認証を持っていないか、パスワードが間違っている。

File Contains No Data ▶ファイルにはデータが何もない
ページは存在するが、何も表示されない。ドキュメントにエラーが生じている。
テーブルフォーマットが正しくないか、ヘッダの情報が切り取られている。

Bad File Request ▶リクエストに誤りがある
ブラウザの設定がアクセスしようとしているフォームをサポートしていないか、サイトのHTMLのコーディングに問題がある。

Failed DNS Lookup ▶ DNS（ドメインネームサーバ）の検索に失敗した
DNSが要求されたドメイン名への処理をできない。サーバが混雑しているか、URLが間違っている。

Host Unavailable ▶ホストサーバがダウンしている
時間をおいてから、再度アクセスしてみるとよい。

Unable to Locate Host ▶ホストサーバに接続できない
ホストサーバがダウンしているか、インターネットの接続が切れている、またはURLの入力ミス。

Network Connection Refused by the Server ▶サーバにネットワークへの接続を拒否された
ウェブサーバが混雑しているときに表示される。

3 ドメイン名の種類

分野別トップレベルドメイン (gTLD: generic TLD)

種類	用途
com	商業組織用
net	ネットワーク用
org	非営利組織用
edu	教育機関用
gov	米国政府機関用
mil	米国軍事機関用
int	国際機関用
info	制限なし
biz	ビジネス用
name	個人名用
pro	弁護士、医師、会計士等用
museum	博物館、美術館等用
aero	航空運輸業界用
coop	協同組合用
jobs	人事管理業務関係者用
travel	旅行関連業界用
mobi	モバイル関係用
cat	カタロニアの言語／文化コミュニティ用
asia	アジア太平洋地域の企業／個人／団体等用
post	郵便事業関係者用
tel	IPベースの電話番号用

インターネットインフラ用の TLD (Infrastructure TLD)

arpa：インターネットインフラ用。以下の3種類が存在

e164.arpa	電話番号を URI（Uniform Resource Identifiers）に対応づける際に利用
ip6.arpa	IP アドレス（IPv6）をドメイン名に対応づける際に利用
in-addr.arpa	IP アドレス（IPv4）をドメイン名に対応づける際に利用

国コードトップレベルドメイン (ccTLD: country code TLD)

ccTLD	割り当てられている国・地域名（英語表記）		エリア
ac	アセンション島	Ascension Island	西アフリカ
ad	アンドラ	Andorra	西ヨーロッパ
ae	アラブ首長国連邦	United Arab Emirates	中東
af	アフガニスタン	Afghanistan	中東
ag	アンティグア・バーブーダ	Antigua and Barbuda	中央アメリカ
ai	アンギラ	Anguilla	中央アメリカ
al	アルバニア	Albania	東ヨーロッパ
am	アルメニア	Armenia	東ヨーロッパ
an	オランダ領アンティル	Netherlands Antilles	中央アメリカ
ao	アンゴラ	Angola	南アフリカ
aq	南極	Antarctica	南極
ar	アルゼンチン	Argentina	南アメリカ
as	アメリカンサモア	American Samoa	オセアニア
at	オーストリア	Austria	東ヨーロッパ
au	オーストラリア	Australia	オセアニア
aw	アルバ	Aruba	中央アメリカ
ax	オーランド諸島	Aland Islands	北ヨーロッパ
az	アゼルバイジャン	Azerbaijan	東ヨーロッパ
ba	ボスニア・ヘルツェゴビナ	Bosnia and Herzegowina	東ヨーロッパ
bb	バルバドス	Barbados	中央アメリカ
bd	バングラデシュ	Bangladesh	南アジア
be	ベルギー	Belgium	西ヨーロッパ

ccTLD	割り当てられている国・地域名（英語表記）		エリア
bf	ブルキナファソ	Burkina Faso	西アフリカ
bg	ブルガリア	Bulgaria	東ヨーロッパ
bh	バーレーン	Bahrain	中東
bi	ブルンジ	Burundi	中央アフリカ
bj	ベナン	Benin	西アフリカ
bm	バーミューダ	Bermuda	中央アメリカ
bn	ブルネイ	Brunei Darussalam	東南アジア
bo	ボリビア	Bolivia	南アメリカ
br	ブラジル	Brazil	南アメリカ
bs	バハマ	Bahamas	中央アメリカ
bt	ブータン	Bhutan	南アジア
bv	ブーベ島	Bouvet Island	南極
bw	ボツワナ	Botswana	南アフリカ
by	ベラルーシ	Belarus	東ヨーロッパ
bz	ベリーズ	Belize	中央アメリカ
ca	カナダ	Canada	北アメリカ
cc	ココス諸島	Cocos (Keeling) Islands	インド洋地域
cd	コンゴ民主共和国（旧ザイール）	Congo, Democratic Republic of	中央アフリカ
cf	中央アフリカ共和国	Central African Republic	中央アフリカ
cg	コンゴ	Congo, Republic of	中央アフリカ
ch	スイス	Switzerland	西ヨーロッパ
ci	コートジボアール	Cote d'Ivoire	西アフリカ
ck	クック諸島	Cook Islands	オセアニア
cl	チリ	Chile	南アメリカ
cm	カメルーン	Cameroon	中央アフリカ
cn	中国	China	東アジア
co	コロンビア	Colombia	南アメリカ
cr	コスタリカ	Costa Rica	中央アメリカ
cu	キューバ	Cuba	中央アメリカ
cv	カーボベルデ	Cape Verde	西アフリカ
cx	クリスマス島	Christmas Island	オセアニア

ccTLD	割り当てられている国・地域名（英語表記）		エリア
cy	キプロス	Cyprus	地中海地域
cz	チェコ	Czech Republic	東ヨーロッパ
de	ドイツ	Germany	西ヨーロッパ
dj	ジブチ	Djibouti	東アフリカ
dk	デンマーク	Denmark	北ヨーロッパ
dm	ドミニカ	Dominica	中央アメリカ
do	ドミニカ共和国	Dominican Republic	中央アメリカ
dz	アルジェリア	Algeria	北アフリカ
ec	エクアドル	Ecuador	南アメリカ
ee	エストニア	Estonia	東ヨーロッパ
eg	エジプト	Egypt	北アフリカ
eh	西サハラ	Western Sahara	西アフリカ
er	エリトリア	Eritrea	東アフリカ
es	スペイン	Spain	西ヨーロッパ
et	エチオピア	Ethiopia	東アフリカ
eu	ヨーロッパ連合	European Union	ヨーロッパ
fi	フィンランド	Finland	北ヨーロッパ
fj	フィジー	Fiji	オセアニア
fk	フォークランド諸島	Falkland Islands（Malvinas）	南アメリカ
fm	ミクロネシア	Micronesia, Federated States of	オセアニア
fo	フェロー諸島	Faroe Islands	北ヨーロッパ
fr	フランス	France	西ヨーロッパ
ga	ガボン	Gabon	中央アフリカ
gb	イギリス	United Kingdom	西ヨーロッパ
gd	グレナダ	Grenada	中央アメリカ
ge	グルジア	Georgia	東ヨーロッパ
gf	フランス領ギアナ	French Guiana	南アメリカ
gg	ガーンジィ島	Guernsey	西ヨーロッパ
gh	ガーナ	Ghana	西アフリカ
gi	ジブラルタル	Gibraltar	西ヨーロッパ
gl	グリーンランド	Greenland	北ヨーロッパ
gm	ガンビア	Gambia	西アフリカ

ccTLD	割り当てられている国・地域名（英語表記）		エリア
gn	ギニア	Guinea	西アフリカ
gp	グアドループ	Guadeloupe	中央アメリカ
gq	赤道ギニア	Equatorial Guinea	中央アフリカ
gr	ギリシャ	Greece	西ヨーロッパ
gs	サウスジョージア島・サウスサンドイッチ島	South Georgia and the South Sandwich Islands	南アメリカ
gt	グアテマラ	Guatemala	中央アメリカ
gu	グアム	Guam	オセアニア
gw	ギニアビサオ	Guinea-Bissau	西アフリカ
gy	ガイアナ	Guyana	南アメリカ
hk	香港	Hong Kong	東アジア
hm	ハード・マクドナルド諸島	Heard and McDonald Islands	インド洋地域
hn	ホンジュラス	Honduras	中央アメリカ
hr	クロアチア	Croatia（Hrvatska）	東ヨーロッパ
ht	ハイチ	Haiti	中央アメリカ
hu	ハンガリー	Hungary	東ヨーロッパ
id	インドネシア	Indonesia	東南アジア
ie	アイルランド	Ireland	西ヨーロッパ
il	イスラエル	Israel	中東
im	マン島	Isle of Man	西ヨーロッパ
in	インド	India	南アジア
io	英領インド洋地域	British Indian Ocean Territory	インド洋地域
iq	イラク	Iraq	中東
ir	イラン	Iran	中東
is	アイスランド	Iceland	北ヨーロッパ
it	イタリア	Italy	西ヨーロッパ
je	ジャージー	Jersey	西ヨーロッパ
jm	ジャマイカ	Jamaica	中央アメリカ
jo	ヨルダン	Jordan	中東
jp	日本	Japan	東アジア
ke	ケニア	Kenya	東アフリカ
kg	キルギスタン	Kyrgyzstan	中央アジア

ccTLD	割り当てられている国・地域名（英語表記）		エリア
kh	カンボジア	Cambodia	東南アジア
ki	キリバス	Kiribati	オセアニア
km	コモロ	Comoros	インド洋地域
kn	セントクリストファー・ネイビス	Saint Kitts and Nevis	中央アメリカ
kp	朝鮮民主主義人民共和国	Korea, Democratic People's Republic of	東アジア
kr	大韓民国	Korea, Republic of	東アジア
kw	クウェート	Kuwait	中東
ky	ケイマン諸島	Cayman Islands	中央アメリカ
kz	カザフスタン	Kazakhstan	中央アジア
la	ラオス	Lao People's Democratic Republic	東南アジア
lb	レバノン	Lebanon	中東
lc	セントルシア	Saint Lucia	中央アメリカ
li	リヒテンシュタイン	Liechtenstein	西ヨーロッパ
lk	スリランカ	Sri Lanka	南アジア
lr	リベリア	Liberia	西アフリカ
ls	レソト	Lesotho	南アフリカ
lt	リトアニア	Lithuania	東ヨーロッパ
lu	ルクセンブルク	Luxembourg	西ヨーロッパ
lv	ラトビア	Latvia	東ヨーロッパ
ly	リビア	Libyan Arab Jamahiriya	北アフリカ
ma	モロッコ	Morocco	北アフリカ
mc	モナコ	Monaco	西ヨーロッパ
md	モルドバ	Moldova, Republic of	東ヨーロッパ
me	モンテネグロ	Montenegro	東ヨーロッパ
mg	マダガスカル	Madagascar	インド洋地域
mh	マーシャル諸島	Marshall Islands	オセアニア
mk	マケドニア	Macedonia, Former Yugoslav Republic of	東ヨーロッパ
ml	マリ	Mali	西アフリカ
mm	ミャンマー	Myanmar	東南アジア

ccTLD	割り当てられている国・地域名（英語表記）		エリア
mn	モンゴル	Mongolia	東アジア
mo	マカオ	Macau	東アジア
mp	北マリアナ諸島	Northern Mariana Islands	オセアニア
mq	マルチニーク島	Martinique	中央アメリカ
mr	モーリタニア	Mauritania	西アフリカ
ms	モントセラト	Montserrat	中央アメリカ
mt	マルタ	Malta	地中海地域
mu	モーリシャス	Mauritius	南アフリカ
mv	モルディブ	Maldives	インド洋地域
mw	マラウイ	Malawi	南アフリカ
mx	メキシコ	Mexico	中央アメリカ
my	マレーシア	Malaysia	東南アジア
mz	モザンビーク	Mozambique	南アフリカ
na	ナミビア	Namibia	南アフリカ
nc	ニューカレドニア	New Caledonia	オセアニア
ne	ニジェール	Niger	中央アフリカ
nf	ノーフォーク島	Norfolk Island	オセアニア
ng	ナイジェリア	Nigeria	中央アフリカ
ni	ニカラグア	Nicaragua	中央アメリカ
nl	オランダ	Netherlands	西ヨーロッパ
no	ノルウェー	Norway	北ヨーロッパ
np	ネパール	Nepal	南アジア
nr	ナウル	Nauru	オセアニア
nu	ニウエ	Niue	オセアニア
nz	ニュージーランド	New Zealand	オセアニア
om	オマーン	Oman	中東
pa	パナマ	Panama	中央アメリカ
pe	ペルー	Peru	南アメリカ
pf	フランス領ポリネシア	French Polynesia	オセアニア
pg	パプアニューギニア	Papua New Guinea	オセアニア
ph	フィリピン	Philippines	東南アジア
pk	パキスタン	Pakistan	南アジア

ccTLD	割り当てられている国・地域名（英語表記）		エリア
pl	ポーランド	Poland	東ヨーロッパ
pm	サンピエール島・ミクロン島	St. Pierre and Miquelon	北アメリカ
pn	ピトケアン島	Pitcairn	オセアニア
pr	プエルトリコ	Puerto Rico	中央アメリカ
ps	パレスチナ	Palestinian Territories	中東
pt	ポルトガル	Portugal	西ヨーロッパ
pw	パラオ	Palau	オセアニア
py	パラグアイ	Paraguay	南アメリカ
qa	カタール	Qatar	中東
re	レユニオン	Reunion	インド洋地域
ro	ルーマニア	Romania	東ヨーロッパ
rs	セルビア	Serbia	東ヨーロッパ
ru	ロシア連邦	Russian Federation	ロシア
rw	ルワンダ	Rwanda	中央アフリカ
sa	サウジアラビア	Saudi Arabia	中東
sb	ソロモン諸島	Solomon Islands	オセアニア
sc	セイシェル	Seychelles	インド洋地域
sd	スーダン	Sudan	東アフリカ
se	スウェーデン	Sweden	北ヨーロッパ
sg	シンガポール	Singapore	東南アジア
sh	セントヘレナ島	St. Helena	西アフリカ
si	スロベニア	Slovenia	東ヨーロッパ
sj	スバールバル諸島・ヤンマイエン島	Svalbard And Jan Mayen Islands	北ヨーロッパ
sk	スロバキア	Slovakia（Slovak Republic）	東ヨーロッパ
sl	シエラレオネ	Sierra Leone	西アフリカ
sm	サンマリノ	San Marino	西ヨーロッパ
sn	セネガル	Senegal	西アフリカ
so	ソマリア	Somalia	東アフリカ
sr	スリナム	Suriname	南アメリカ
st	サントメ・プリンシペ	Sao Tome and Principe	中央アフリカ

ccTLD	割り当てられている国・地域名（英語表記）		エリア
sv	エルサルバドル	El Salvador	中央アメリカ
sy	シリア	Syrian Arab Republic	中東
sz	スワジランド	Swaziland	南アフリカ
tc	タークス諸島・カイコス諸島	Turks and Caicos Islands	中央アメリカ
td	チャド	Chad	中央アフリカ
tf	フランス領極南諸島	French Southern Territories	インド洋地域
tg	トーゴ	Togo	西アフリカ
th	タイ	Thailand	東南アジア
tj	タジキスタン	Tajikistan	中央アジア
tk	トケラウ諸島	Tokelau	オセアニア
tl	東ティモール	Timor-Leste	東南アジア
tm	トルクメニスタン	Turkmenistan	中央アジア
tn	チュニジア	Tunisia	北アフリカ
to	トンガ	Tonga	オセアニア
tp	東ティモール	East Timor	東南アジア
tr	トルコ	Turkey	中東
tt	トリニダード・トバゴ	Trinidad and Tobago	中央アメリカ
tv	ツバル	Tuvalu	オセアニア
tw	台湾	Taiwan	東アジア
tz	タンザニア	Tanzania, United Republic of	東アフリカ
ua	ウクライナ	Ukraine	東ヨーロッパ
ug	ウガンダ	Uganda	中央アフリカ
uk	イギリス	United Kingdom	西ヨーロッパ
um	米領太平洋諸島（ミッドウェー、ジョンストン、ウェーク島）	United States Minor Outlying Islands	オセアニア
us	アメリカ合衆国	United States	北アメリカ
uy	ウルグアイ	Uruguay	南アメリカ
uz	ウズベキスタン	Uzbekistan	中央アジア
va	バチカン市国	Vatican City State	西ヨーロッパ
vc	セントビンセントおよびグレナディーン諸島	Saint Vincent and the Grenadines	中央アメリカ

ccTLD	割り当てられている国・地域名（英語表記）		エリア
ve	ベネズエラ	Venezuela	南アメリカ
vg	英領バージン諸島	Virgin Islands（British）	中央アメリカ
vi	米領バージン諸島	Virgin Islands（USA）	中央アメリカ
vn	ベトナム	Viet Nam	東南アジア
vu	バヌアツ	Vanuatu	オセアニア
wf	ワリス・フテュナ諸島	Wallis and Futuna Islands	オセアニア
ws	西サモア	Western Samoa	オセアニア
ye	イエメン	Yemen	中東
yt	マヨット島	Mayotte	インド洋地域
yu	旧ユーゴスラビア	Former Yugoslavia	東ヨーロッパ
za	南アフリカ共和国	South Africa	南アフリカ
zm	ザンビア	Zambia	南アフリカ
zw	ジンバブエ	Zimbabwe	南アフリカ

属性型(組織種別型) JPドメイン名

AC.JP	学校教育法および他の法律の規定による学校、大学共同利用機関、大学校、職業訓練校、および上記に関係する学校法人
CO.JP	株式会社、有限会社、合名会社、合資会社、相互会社、特殊会社、その他の会社および信用金庫、信用組合、外国会社(日本において登記を行っていること)
GO.JP	日本国の政府機関、各省庁所轄研究所、独立行政法人、特殊法人(特殊会社を除く)
OR.JP	(a) 財団法人、社団法人、医療法人、監査法人、宗教法人、特定非営利活動法人、中間法人、独立行政法人、特殊法人(特殊会社を除く)、農業協同組合、生活協同組合など
	(b) 国連等の公的な国際機関、外国政府の在日公館、外国政府機関の在日代表部その他の組織、外国の在日友好・通商・文化交流組織、国連NGOまたはその日本支部など
AD.JP	JPNICの正会員が運用するネットワークなど
NE.JP	日本国内のネットワークサービス提供者が、不特定または多数の利用者に対して営利または非営利で提供するネットワークサービス
GR.JP	複数の日本に在住する個人または日本国法に基づいて設立された法人で構成される任意団体
ED.JP	保育所、幼稚園、小学校、中学校、高等学校、中等教育学校、盲学校、聾学校、養護学校、専修学校および各種学校のうち主に18歳未満を対象とするもの、およびおよび上記に関係する学校法人
LG.JP	地方自治法に定める地方公共団体のうち、普通地方公共団体、特別区、一部事務組合および広域連合など

4 ネットでよく使う略語

略称	非省略形	意味
2U2	To You, Too	あなたにも
AAMOF	As A Matter Of Fact	実を言うと
AAR	At Any Rate	いずれにせよ、とにかく
ADN	Any Day Now	今すぐにでも
AFAIC	As Far As I'm Concerned	私が心配なのは
AFAICT	As Far As I Can Tell	私に言えることは
AFAIK	As Far As I Know	私の知る限りでは
AFK	Away From Keyboard	キーボードを離れて
AKA	Also Known As ...	〜こと、〜としても知られている
AOTA	All Of The Above	上記すべて
asl?	age sex location?	年齢、性別、住んでるところは？
ASAP	As Soon As Possible	なるべく早く
@	at	〜で（場所）
b4	before	前に
BAK	Back At Keyboard	キーボードに戻って、戻ったよ〜
BBL	Be Back Later	あとでね
BBS	Be Back Soon	すぐ戻ります
b/c	because	なぜなら
BCNU	(I'll) Be Seeing You	またね〜
BEG	Big Evil Grin	ニヤリ
b/f	boyfriend	彼氏
BITMT	But In The Meantime	だけどその間に
BOT	Back On Topic	本題に戻ろう
BR	Best Regards	じゃ
BRB	Be Right Back	すぐに戻ります
BTA	But Then Again	ではもう一度
BTW	By The Way	ところで
C4N	Ciao For Now	じゃあね

略称	非省略形	意味
CNP	Continued in Next Post	次回へ続く
CRS	Can't Remember Shit	何か思い出せない
CU	See You	じゃ
CUL (8R)	See You Later	またね
CUOL	See You On Line	また（チャットで）ね
CUS	Can't Understand Shit (Stuff)	理解できない
CWOT	Complete Waste Of Time	時間の無駄遣い
CYA	See Ya/See You	またね
DEGT	Don't Even Go There	その話はやめとこう（したくない）
DIKU?	Do I Know You?	面識ありましたっけ？
DIY	Do It Yourself	自分でやりなさい
d/l, D/L, dl, DL	Downloading	ダウンロード
EOD	End Of Discussion	議論終了
EG	Evil Grin	にんまり
EM	E-Mail	Eメール
ETA	Edited To Add	ポストを編集したとき
EZ	Easy	簡単
F2F	Face To Face	直接会って
FBOW	For Better Or Worse	よくも悪くも
FOAF	Friend Of A Friend	友達のまた友達
FOC	Falling Off Chair	大爆笑！
FWIW	For What It's Worth	それはそれとして
FISH	First In, Still Here	（チャットや掲示板に）長居しすぎの人
FITB	Fill In The Blanks	空欄を埋める
FOCL	Falling Off Chair Laughing	（イスから落ちるほど）大笑い
FUBAR	Fucked/Fouled Up Beyond All Repair	大失敗
FUD	Fear, Uncertainty, and Doubt	不安だなぁ…
FYA	For Your Amusement	これは面白いよ
FYI	For Your Information	ご参考までに
FWIW	For What It's Worth	あくまでも私の意見ですが

略称	非省略形	意味
g	giggle	クスクス
grin	grin	にんまり、ニヤリ
GA	Go Ahead	どうぞ
GAL	Get A Life	元気出して
GBTW	Get Back To Work	仕事に戻ります
g/f	girlfriend	彼女
GFC	Going For Coffee	ちょっとひと休み
GFETE	Grinning From Ear To Ear	口を横に広く開けて笑う
GGOH	Gotta Get Outta Here	もうそろそろ行きます
GFN	Gone For Now	ちょっと出てます
GTG	Got To Go	もう行くね（別れのあいさつ）
GTR	Got To Run	急がなきゃ、もう行くね
GTRM	Going To Read Mail	メールを読むところです
H&K	Hugs and Kisses	ハグとキスを
HAND	Have A Nice Day	さよなら
HAGD	Have A Good Day	いい1日を
HAGO	Have A Good One	いい1日を
HB	Hurry Back	急いで戻ります
HHOK	Ha Ha Only Kidding	ははっ、冗談だよ
hug	hug	ハグ
HTH	Hope This/That Helps	これがお役に立ちますように
IAC	In Any Case	とにかく
IAE	In Any Event	何が起きても
IB	I'm back	戻りました
IC	I See	わかった
IDGI	I Don't Get It	意味がわからないな
IDN	I Don't kNow	知りません
IDK	I Don't Know	知りません
IDTS	I Don't Think So	そうは思わないな
IANAL	I'm Am Not A Lawyer	シロウトの意見ですが、専門外ですが
ICQ	I Seek You	あなたを探しています

略称	非省略形	意味
ILU, ILY	I Love You	愛してます、大好きです
IMHO	In My Humble Opinion	ちょっと言わせていただくと
IMNSHO	In My Not So Humble Opinion	ほんとにちょっと言わせていただくと
IMO	In My Opinion	私の意見は
IMPE	In My Previous/Personal Experience	私の経験では
IOH	I'm Out of Here	失礼します、バイバイ
IOW	In Other Words	つまり
IRL	In Real Life	実生活では
IYO	In Your Opinion	あなたの考えだと
IYKWIM	If You Know What I Mean	なんて言ったらいいか
JAS	Just A Second	ちょっと待ってね
JIC	Just In Case	念のため
J/K, JK	Just Kidding	冗談！
JIT	Just In Time	時間とおり
JMO	Just My Opinion	あくまで私の意見ですが
JW	Just Wondering	ちょっと気になっただけ
K, KK	Okay	了解
KISS	Keep It Simple Stupid	わかるように書けよ、バカ
LD	Later, Dude	じゃあね
LTNS	Long Time No See	おひさ〜
LOL	Laughing Out Loud	爆笑、ワハハハハ！
LOLLOLLOLLOL	Laughing Out Loud...	大爆笑
LMAO	Laughing My Ass Off	大爆笑！
LTNS	Long Time No See	久々！久しぶり〜
LY	(I) Love Ya	大好き
LYL	Love You Lots	大大大好き
MorF（?）	Male or Female?	男性ですか女性ですか？
MTCW	My Two Cents Worth	口を挟ませていただきますと
NE1	Anyone	誰か
NFW	No Feasible Way	ありえない、実行不可能

略称	非省略形	意味
NIMBY	Not In My Back Yard	私のとこではやめて
NM	Never Mind	気にしないで
NP	No Problem	問題なし、どういたしまして
NRN	No Reply Necessary	返信不要
NRN	Not Right Now	今すぐでなく
NT	No Thanks	けっこうです
N/K	No Kidding	冗談！
OIC	Oh I See	ああ、わかりました
ONNA	Oh No, Not Again!	まさか！　もう勘弁して。
OMG	Oh My Gosh	嘘！　やだ〜
OTH	Off The Hook	大人気なもの、かっこいいもの
OTE	Over The Edge	異常な、いかれた、いきすぎた
OT	Off Topic	トピずれですが
OTOH	On The Other Hand	一方では
OTTOMH	Off The Top Of My Head	思いつき
OTW	On The Way	まもなく、〜したところ
PANS	Pretty Awesome New Stuff	最高にいい感じの新しいもの・こと
PITA	Pain In The Ass	（イスに座りすぎで）お尻が痛い
PLS, PLZ	Please	お願い
PMJI	Pardon Me for Jumping In	突然失礼いたします（初めて会話に入るときに）
POS	Parents are looking Over my Shoulder	両親が後ろからのぞいてます
PPL	People	人々
PT	Peep This	ちょっとこれ見て
QT	Cutie	かわいこちゃん
REHI	Hello Again（Re-Hi!）	またまたこんにちは
R.I.P.	Rest In Peace	ご冥福をお祈りします、安らかに
ROFL, ROTFL	Rolling On (The) Floor Laughing	床の上を転がるほどおかしい
RSN	Real Soon Now	今すぐ

略称	非省略形	意味
r/t	Real Time	リアルタイム
RTFM	Read The Fuckin' / Frickin' Manual	マニュアル必読
RU	Are You?	あなたは？
RUOK?	Are You OKay?	大丈夫？
SNAFU	Situation Normal; All Fouled/Fucked Up	大混乱！
SH	Same Here	同感、賛成です
shrug	shrug	テヘ（肩をすくめる）
sigh	sigh	はぁー（ため息）
SO	Significant Other	大切なパートナー
sob	sob	うえーーん、ぐすん（泣き）
SOL	Shit Out of Luck	まったくついていない
SOL	Smiling Out Loud（or You're Out of Luck）	声を立てて笑う
SPST	Same Place, Same Time	同じ時間、同じ場所で
STFU	Shut The Fuck Up	黙れ！
STR8	Straight	ストレート（ゲイじゃない人）
STW	Search The Web	ネット上を探す
SY	Sincerely Yours	かしこ
SYL	See You Later	では後ほど
TAFN	That's All For Now	とりあえずこれで全部
TANSTAAFL	There Ain't No Such Thing As A Free Lunch	だまされないで
TC	Take Care	じゃあね、気をつけて、お大事に
TEOTWAWKI	The End Of The World As We Know It	世界の終わり
TFH	Thread From Hell	地獄のスレッド（ニュースグループなどで論議が止まらないようなスレッド）
THX, TNX	Thanks	ありがとう
TIA	Thanks In Advance	お世話になります、よろしくお願いします
TLK2UL8R	Talk To You Later	あとでね

略称	非省略形	意味
TMI	Too Much Info (Information)	情報多すぎ（不要な情報）
TMK	To My Knowledge	私の知る限り
TNT	Till Next Time	また次回ね
TOS	Terms Of Service	利用規約
TSWC	Tell Someone Who Cares	私に言っても意味ないよー（私は興味ありません）
TTBOMK	To The Best Of My Knowledge	確かに
TTFN	Ta-Ta For Now	じゃ、また
TTTT	These Things Take Time	そういうのって時間がかかるものだよ（＝時間が解決してくれる）
TTYL (8R)	Talk To You Later	あとで
TPS	That's Pretty Stupid	そんなのおかしすぎる、ばかげている
TPTB	The Powers That Be	管理人・当局
TRDMF	Tears Running Down My Face	涙が出る（おもしろいときと悲しいとき両方に使える）
TYT	Take Your Time	ごゆっくり
TYVM	Thank You Very Much	どうもありがとうございます
TWIMC	To Whom It May Concern	関係各位
UR	You Are	あなたは
US	You Suck	あんた最低
UV	Unpleasant Visual	不快な画像
UW	You're Welcome	どういたしまして
UY	Up Yours	勝手にしろ、そんなこと知るか
WB	Welcome Back	お帰り
WC	Welcome	いらっしゃい
WEG	Wicked Evil Grin	ニヤリ（不敵な笑み）
WEU	What's Eating You?	何イライラしてるの？
WFM	Works For Me	私はそれでいいですよ
WIIFM	What's In It For Me	私に何の得が？
w/o	Without	～なし
WRT	With Regard To	それにつきましては

略称	非省略形	意味
WTG	Way To Go	やったね！
WU?	What's Up?	やあ
WYSIWYG	What You See Is What You Get	見たとおりの結果
YBS	You'll Be Sorry	覚えてろ、後悔するぞ
YL	Young Lady	若い女性（呼びかけ）
YM	Young Man	若い男性（呼びかけ）
YGIAGAM	Your Guess Is As Good As Mine	さあ、わかりませんね
YGWYPF	You Get What You Pay For	自業自得でしょう
YMMV	Your Mileage May Vary	効果は人それぞれです
YR	Yeah, Right	ええ、まぁ
YS	You Stinker	お前最悪だな
YVW	You're Very Welcome	どういたしまして
YW	You're Welcome	どういたしまして
ZZZ	sleeping	グーグー
XX	kiss, kiss	キスキス
XOXO	kiss, hug, kiss, hug	キスとハグ

5 英語の顔文字
(emoticon = emotion 感情 + icon アイコン)

喜び

:)	smile	笑顔、にっこり
:-)	smile	笑顔、にっこり
;-)	wink	ウィンク
:'-)	happy crying	うれし泣き
:~)	cute	かわいい
:->	grin/mischievous	いたずらっぽい笑い
:-D	big grin or laugh	大笑い
:-)))))))	lots of smiles	大笑い
:o)	smiles（w/nose）	笑顔、にっこり
:0]	smiling	にんまり
;0]	winking and smiling at same time	笑顔でウィンク
;0	winking with open mouth	口を開けたままウィンク
8D	awesome	すばらしい！
XD	laughter	爆笑
:-1	smirk	えへへ

ふざける

:P	tongue out	あっかんべー
:-P	tongue out	あっかんべー
:-&	tongue tied	口ごもる

怒り

:-<	pouting	すねる、チェッ
>:-(	angry	怒り、不愉快
>:-II	angry	怒り
:-II	angry	怒り、むっつりとする

悲しみ

:-(	sad	悲しい
:,-(	cry	えーん

;'-(	cry	えーん
&-(	cry	わーん
:[	really disappointed	ガッカリ
:-[	really disappointed	ガッカリ

退屈		
:-|	bored or no opinion	退屈もしくは意見なし
|-O	yawn	あくび

恐怖・驚き		
=:-O	scared	恐怖、怖い！
:-@	scream	びっくり、叫び
:-0	surprised	驚き、びっくり
X-)	unconscious	気絶
%-)	cross-eyed	寄り目

照れる		
:-}	embarrassed	恥ずかしい、もじもじ照れる

その他の感情		
>O	"Ouch"	痛い！
|-)	dreaming	夢の中
<:-|	curious	気になる
:-/	perplexed, confused	困惑
:-x	keeping mouth shut	口を閉じる、内緒にする
:-S	confused	混乱
`:-)	one eyebrow raised	なぬ?!（眉毛が片方だけ上がっている）
?-(	Sorry, I don't know what went wrong	いけないことしちゃった？

行動		
[:-]	wearing headphones	ヘッドフォン装着中
:-Q	smoking	喫煙
:$	mouth wired shut	お口にチャック
:-$	mouth wired shut	お口にチャック
:Z	sleeping	グーグー

ネットの用語集

:-Z	sleeping		グーグー
:-()	talking		おしゃべり
:-*	kiss		キス
#-)	dead		死ぬ
:-X	My lips are sealed		内緒ね
:I	Not talking		内緒です
:-I	Not talking		内緒です

生物

:-E	bucktoothed vampire	吸血鬼
:=8)	baboon	マントヒヒ
}:->	The Devil	デビル
:@)	pig	豚
>8V-()<	duck	あひる
~:>	chicken	鶏
>:3	A lion, or an evil smile	ライオン（悪魔の笑いを表すことも）

人の種類

:-{	moustache	口ひげのある人
@:-]	baby	赤ちゃん
:-{#}	braces	歯の矯正中
:-#	braces	歯の矯正中
C=:-)	chef	シェフ
(:-)	bald	つるっぱげ
:-.)	Marilyn Monroe（Madonna）	マリリン・モンロー（マドンナをさすことも）
P-)	pirate	海賊
:-{}	lipstick	口紅塗った女性もしくは唇がふっくらした人
=:-I	punk rocker	パンクロッカー
<:-I	Mohican	モヒカン
<-:-{{{	Santa	サンタクロース
*<;{o>	Santa	サンタクロース
(:) -)	scuba-diving	スキューバダイビング中（ゴーグル装着）

8-)	swimmer	水泳中（ゴーグル装着）
B:-)	sunglasses on head	頭にサングラス
{:-}	wig	かつらをつけた人
(:-D	gossip	おしゃべり
:-B	buck-tooth	前歯・出っ歯
B-)	smiley with glasses	メガネでにっこり
B-)	shades	サングラスをかけた人
#8 -)	nerd, or person with glasses and crew cut	オタクもしくは めがねをかけた人

物

(::[]::)	bandaid	バンドエイド（助けを申し出るときなどに）
^5	high five	ハイファイブ
\~/=	glass with a drink	グラスと飲み物（たいていお酒を指す）
(((((person)))))	giving a virtual hug	ハグ
_/?	cup of tea	紅茶
[_]>	cup of coffee	コーヒー
@@@	cookies	クッキー
@--/--	rose	バラ一輪
O=	candle (burning)	ろうそく
-=	candle (doused)	燃え尽きたろうそく

6 leet 表記

アルファベットとの対応

A	4、/\、@、/-\、^、aye、(L、Д
B	l3、8、13、|3、β、P>、|:、!3、(3、/3、)3、|-]、j3
C	[、¢、<、(、©
D	)、|)、(|、|o、[)、|>、|>、T)、l7、cl、|}、|]
E	3、&、£、€、ë、[-、|=-
F	|=、ƒ、|#、ph、/=、v
G	6、&、(_+、9、C-、gee、(?、[、{、<-、(.
H	#、/-/、[-]、]-[、) - (、(-)、:-:、|~|、|-|、]~[、}{、!-!、1-1、\-/、I+I、}-{
I	1、!、_、|、eye、3y3、][、]、/me
J	_|、_/、¿、</、_]、(/
K	X、|<、|{、|{、|X
L	1、£、7、1_、|、|_、el、[]_、L
M	|v|、[V]、{V}、/V\、em、AA、|V|、/\/\、(u)、(V)、(\/)、/|\、^^、/|/|、/\、||\、]V[
N	^/、||、/\/、[\]、<\>、en、[]\、//、[]、И、И、^、η
O	0、()、oh、[]、p、<>、Ø
P	|*、|o、|_、|^ (o)、|>、|"、9、[]D、|°、|7
Q	(_)、()_、0_、<|、&
R	l2、|`、|~、|?、/2、|^、lz、|9、2、12、®、[z、Я、|2、|-
S	5、$、z、§、ehs、es、2
T	7、+、-|-、'][、†、"|"
U	(_)、|_|、v、L|、μ、ʊ
V	\/、|/、|
W	\/\/、vv、\N、'//、\\'、\^/、dubya、(n)、W/、\X/、|/、_|_/、_:_/、Ш、uu、2u、\/\/、ω
X	><、Ж、}{、ecks、×、?、)(、][、}{
Y	j、`/、Ч、7、|/、¥
Z	2、7_、-/_、%、>_、s、~/_、-_、-|_

数字との対応	
0	O
1	I、L
2	Ä、Z、R
3	E
4	A
5	S
6	B、G
7	T、L
8	B
9	G、P
£	L、E

7 英語で使う句読点と記号

句読点

.	period /dot	ピリオド、ドット
,	comma	カンマ、コンマ
?	question mark	疑問符
!	exclamation mark	感嘆符
…	ellipsis	省略記号
-	hyphen	ハイフン
–	en dash	エンダッシュ（短いダッシュ）
—	em dash	エムダッシュ（長いダッシュ）
:	colon	コロン
;	semicolon	セミコロン
" "	quotation marks	引用符（ダブル）
' '	quotation marks	引用符（シングル）
( )	parentheses	丸カッコ、小カッコ、パーレン
[ ]	square brackets	角カッコ、大カッコ、ブラケット
{ }	braces	中カッコ
⟨ ⟩	angle brackets	山カッコ
'	apostrophe	アポストロフィ
/	forward slash	スラッシュ

記号		
&	ampersand	アンド、アンパサンド
@	at sign	アットマーク
#	number sign, hash, pound	シャープ（番号を示す）
*	asterisk	アステリ
・	bullet	中黒
′	prime	ダッシュ
^	caret	やま、カレット
~	tilde	チルダ
\	back slash	バックスラッシュ
_	underscore	アンダーバー
|	vertical bar/pipe	縦棒
=	equals sign	等号
+	plus sign	プラス
−	minus sign	マイナス
<	less than sign	小なり記号
>	greater than sign	大なり記号
°	degree	度
%	percent	パーセント

8　アメリカ・カナダの州名と略号

アメリカの50州と略号

州名		略号
Alabama	アラバマ	AL
Alaska	アラスカ	AK
Arizona	アリゾナ	AZ
Arkansas	アーカンソー	AR
California	カリフォルニア	CA
Colorado	コロラド	CO
Connecticut	コネチカット	CT
Delaware	デラウェア	DE
Florida	フロリダ	FL
Georgia	ジョージア	GA
Hawaii	ハワイ	HI
Idaho	アイダホ	ID
Illinois	イリノイ	IL
Indiana	インディアナ	IN
Iowa	アイオワ	IA
Kansas	カンザス	KA
Kentucky	ケンタッキー	KY
Louisiana	ルイジアナ	LA
Maine	メーン	ME
Maryland	メリーランド	MD
Massachusetts	マサチューセッツ	MA
Michigan	ミシガン	MI
Minnesota	ミネソタ	MN
Mississippi	ミシシッピ	MS
Missouri	ミズーリ	MO
Montana	モンタナ	MT
Nebraska	ネブラスカ	NE
Nevada	ネバダ	NV
New Hampshire	ニューハンプシャー	NH
New Jersey	ニュージャージー	NJ
New Mexico	ニューメキシコ	NM

州名		略号
New York	ニューヨーク	NY
North Carolina	ノースカロライナ	NC
North Dakota	ノースダコタ	ND
Ohio	オハイオ	OH
Oklahoma	オクラホマ	OK
Oregon	オレゴン	OR
Pennsylvania	ペンシルバニア	PA
Rhode Island	ロードアイランド	RI
South Carolina	サウスカロライナ	SC
South Dakota	サウスダコタ	SD
Tennessee	テネシー	TN
Texas	テキサス	TX
Utah	ユタ	UT
Vermont	バーモント	VT
Virginia	バージニア	VA
Washington	ワシントン	WA
West Virginia	ウェストバージニア	WV
Wisconsin	ウィスコンシン	WI
Wyoming	ワイオミング	WY

カナダの10州と略号

州名		正式な略号	そのほか使われる略称
Ontario	オンタリオ	ON	Ont.
Quebec	ケベック	QC	Que.、PQ、P.Q.
Nova Scotia	ノバスコシア	NS	N.S.
New Brunswick	ニューブランズウィック	NB	N.B.
Manitoba	マニトバ	MB	Man.
British Columbia	ブリティッシュコロンビア	BC	B.C.
Prince Edward Island	プリンスエドワードアイランド	PE	PEI、P.E.I.、P.E.Island
Saskatchewan	サスカチュワン	SK	Sask.、SSK、SKWN
Alberta	アルバータ	AB	Alta.
Newfoundland and Labrador	ニューファンドランド・ラブラドール	NL	Nfld.、NF、LB

●著者紹介

デイビッド・セイン
米国出身。社会学修士号取得。日米会話学院、バベル翻訳外語学院などでの豊富な教授経験を活かし、数多くの英会話関係書籍を執筆。
著書は『最初のひと言 英語でこう言います!』『CD 聴くだけ英会話 やさしい動詞でこれだけ言えます!』(実務教育出版)、『その英語、ネイティブにはこう聞こえます』『必ず話せる英会話入門』(主婦の友社)、『使ってはいけない英語』(河出書房新社)、『英語ライティンググルールブック』(DHC)、『ネイティブが使う英語使わない英語』(アスコム)、『英語の雑学王』(インディゴ出版)など50点以上。
現在、英語を中心テーマとして様々な企画を実現するエートゥーゼットを主宰。東京根津にてエートゥーゼット英語学校校長も務める。
エートゥーゼット英語学校生徒随時募集中! URL http://www.english-live.com/

小松アテナ
ベルギー出身。高校卒業後渡米、オハイオ州ライオグランデ大学英文学部卒業。帰国後は英語教育関連の本の制作に携わる。著書に『英語でブログを書いてみよう』(共著、技術評論社)。雑誌では「英語でしゃべらナイト」(アスコム)、「CNN English Express」(朝日出版社) などで執筆、そのほか多数の語学書の編集経験を有する。エートゥーゼット所属。

エド・ジェイコブ
カナダ出身。ウェスタン・オンタリオ大学卒業。日本滞在歴は 13 年。著書に『まるごと New York! 生中継』(共著、IBC パブリッシング)、『Living in Japan』(共著、在日米国商工会議所)。「CNN English Express」(朝日出版社) など雑誌記事の執筆をはじめ、多数の語学書の執筆、英語教授経験を有する。翻訳も多く手がける。エートゥーゼット所属。

●分担執筆:弘田春美

●執筆協力:窪嶋優子
　　　　　　デリック・カイトリンガー

カバーデザイン　◆間野　成
本文デザイン・組版◆ムーブ

ネットの英語術

2008 年 5 月 25 日　初版第 1 刷発行

著　者　デイビッド・セイン、小松アテナ、エド・ジェイコブ
発行者　池澤徹也

発行所　株式会社　実務教育出版
　　　　〒 163-8671　東京都新宿区大京町 25 番地
　　　　電話　03-3355-1812 (編集)　03-3355-1951 (販売)
　　　　振替　00160-0-78270
印　刷　精興社
製　本　ブックアート

©A to Z Co., Ltd. 2008　　Printed in Japan
ISBN978-4-7889-1440-7 C0082
本書の無断転載・無断複製 (コピー) を禁じます。
乱丁・落丁本は本社にておとりかえいたします。

好評発売中！

デイビッド・セインの英語塾シリーズ第1弾
最初のひと言
英語でこう言います！

まるでマン・ツー・マンの英会話教室！
CDを聴いてシャドーイングすれば、
使える英語が自然に身につきます！

Contents

第1部 [スピードチェック!] その簡単なひと言をネイティブはこう言います！
1　「たった10語」で、これだけ言えます
2　その簡単なひと言をネイティブはこう言います
　1　返事の「ひと言」　　　　　　2　感想を述べる「ひと言」
　3　はげましの「ひと言」　　　　4　挨拶・問いかけの「ひと言」
　5　反論・クレーム・腹立ちの「ひと言」　6　驚き・感嘆を表す「ひと言」
　7　超簡単、ただ「ひと言」

第2部 [誌上レッスン!] 会話の最初のひと言、英語でこう言います！

David Thayne（デイビッド・セイン）著
Ａ５判　256頁　2色刷　CD付
定価1575円（税込）　ISBN978-4-7889-0735-5

英語脳を刺激する「発信・応答」型の会話シミュレーションブック。
日本人が苦手な、会話文の「言い出し」の表現をとくに徹底レッスン！
単なるフレーズ暗記ではなく、「やりとり」を通して英語が身につく本。

デイビッド・セインの英語塾シリーズ第2弾
デイビッド・セインの
英語力アップ！コーチング

あなたの英語、上達します！
「目からウロコ」のアドヴァイス、
ちょっと意外なヒントや勉強法まで盛りだくさん！

Contents

1章　[コミュニケーション・マインド] 英会話、フレンドリーが第一です
2章　[「英会話」のコツ]「たった10語」でこれだけ話せます
3章　[英語フレーズ] 英語にも女ことば、男ことばがあります
4章　[意外な英語] 危険な英語は「避ける」が無難です
5章　[会話の英文法] 文法で注意したいのはここ！
6章　[英語上達法]「読む力」がつけば「聴く力」も伸びる！
7章　[日頃の取り組み] 日頃の英語力アップ作戦

David Thayne（デイビッド・セイン）著
Ａ５判　246頁　2色刷　CD付
定価1680円（税込）　ISBN978-4-7889-0737-9

実務教育出版の本

好評発売中!

新TOEIC指導に定評のある石井隆之教授の対策ブック!
新TOEIC® テスト 攻略法がわかる!

1 全パートの「出題傾向と攻略法」がわかる!
2 よく出る「英語表現・語法」がわかる!
3 スコアメイクに役立つ「コツや裏技」がわかる!

米国ほか、英国、カナダ、オーストラリアの発音収録。
新TOEICテストの多彩なリスニング問題に対応!

Contents

第1部　新TOEICテスト　攻略のストラテジー
第2部　新TOEICテスト　実戦模試

はじめて受ける人のための攻略スタートブック!

近畿大学教授　石井隆之　著
Ａ5判　256頁　2色刷　CD付
定価1680円(税込)　ISBN978-4-7889-1431-5

リーディングの文法力・単語力・読解力を実戦形式でマスター!
新TOEIC® テスト 文法&単語がわかる問題集

問題→解説の見開き構成でスッキリ解ける!わかる!
Part5(短文穴埋め問題)・Part6(長文穴埋め問題)・Part7(読解問題)のよく出るパターン88テーマを徹底攻略。リーディングセクション約3セット分の問題演習が、この1冊でスピーディーに行えます。

Contents

序章　新TOEICテスト攻略のキーポイント
第1章　出る順「短文穴埋め問題」攻略
第2章　出る順「長文穴埋め問題」攻略
第3章　ジャンル別「読解問題」攻略

**初学者はもちろん、中~上級者にも対応。
時間のない人に、特におすすめします!**

近畿大学教授　石井隆之　著
Ａ5判　240頁　2色刷
定価1575円(税込)　ISBN978-4-7889-1437-7

実務教育出版の本

好評発売中!

200点アップのためのサーキット・トレーニング
新TOEIC® テスト 英単語・英熟語の忘れない覚え方

生きた例文で頭と耳がTOEICモードになる!
米国・英国・カナダ・オーストラリアの4か国発音でCD収録。

Contents

第1章	TOEIC Testの出題形式で即戦的に覚える　パート別頻出単語・熟語
第2章	TOEIC頭になる!「脱・学校英語」のための英単語・英熟語
第3章	リーディングスコアで差をつける!　速読即解のための頻出複合語
第4章	スコアの取りこぼしを防ぐ!　頻出ジャンルの英単語・英熟語を網羅

ワンランクアップ講座──リスニング部門で注意すべき発音の単語／
穴埋め問題で意味を間違えやすい単語と熟語

赤井田拓弥 著
Ａ５判　304頁　2色刷　CD2枚付
定価1575円(税込)　ISBN978-4-7889-1438-4

**本書の「4段階サーキット・トレーニング」で、
確実に200点アップの力がつく!　そして忘れない!**

「できない」の"ない"を蹴っとばせ!
新TOEIC®テスト ここを押さえる!

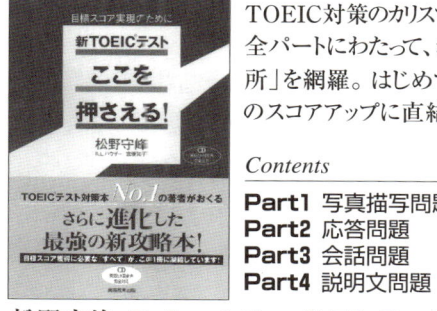

TOEIC対策のカリスマ講師がまとめた、最新の攻略本!
全パートにわたって、頻出事項に沿った「3つの押さえ所」を網羅。はじめて受ける人も受け直す人も、驚愕のスコアアップに直結する本です。

Contents

Part1 写真描写問題	Part5 短文穴埋め問題
Part2 応答問題	Part6 長文穴埋め問題
Part3 会話問題	Part7 読解問題
Part4 説明文問題	

松野守峰、R.L.ハウザー、宮原知子　[CD英語5カ国音声完全対応]
Ａ５判　260頁　2色刷　定価1890円(税込)　ISBN978-4-7889-1434-6

Partごとの「押さえ所①～③」で、解法のコツ、実力アップのスピードトレ、
TOEICテストに頻出の事項、さらに最新の出題傾向などをまとめています。

実務教育出版の本

好評発売中!

しばらく、英語三昧(ざんまい)!
英語 徹底耳練!
てっていみみれん

米国ほか、英国、カナダ、オーストラリアなどの「発音」収録。

Contents
1　徹底耳練! 1–20　新TOEICリスニングPart3対応
2　徹底耳練! 21–40　新TOEICリスニングPart4対応
3　徹底耳練! 41–50　一般英語ロング・パッセージ

すべての題材で「英語音」「英語表現」「英語意味」を完全チェックできます。

青山学院大学教授 外池滋生 編著
英文 Joseph McKim　訳・解説 外池一子
CD2枚　A5判　248頁　2色刷　定価1680円(税込)　ISBN978-4-7889-1433-9

「英語脳」になりきって、「英語耳」を鍛える本!
新TOEIC「リスニング問題」にも完全対応!

基本ルール101連発!
はじめからやり直す 英文法

本書は、英文法を「はじめから、しっかりやり直す」ための本です。学校の授業でわかりにくかったことが、端的にわかりやすく説明されています。
本書を、ゆっくり着実に読破すれば、英文法や語法の力は、確実に身につきます。
コミュニケーションの英語力をつけたい人にも最適!

Contents
第1部　まず、英文法の土台(品詞、英文の要素など)
第2部　応用的な英文法(時制、態、仮定法、構文、比較・倒置など)
第3部　身近な表現と英文法(時間や距離、数量、場所、手段、原因、結果などの表現)、具体的な語法と表現例

石井 隆之 著
定価1470円(税込)
A5判　248頁
ISBN978-4-7889-1429-2

実務教育出版の本